特强岩溶地区堆石坝基础处理技术

刘常新　著

黄河水利出版社
·郑州·

图书在版编目(CIP)数据

特强岩溶地区堆石坝基础处理技术/刘常新著. —郑州: 黄河水利出版社, 2019.10

ISBN 978-7-5509-2469-7

Ⅰ.①特… Ⅱ.①刘… Ⅲ.①岩溶区-堆石坝-工程施工 Ⅳ.①TV641.4

中国版本图书馆CIP数据核字(2019)第176178号

组稿编辑:陶金志　电话:0371-66025273　E-mail:838739632@qq.com

出 版 社:黄河水利出版社　网址:www.yrcp.com

地址:河南省郑州市顺河路黄委会综合楼14层　邮政编码:450003

发行单位:黄河水利出版社

发行部电话:0371-66026940、66020550、66028024、66022620(传真)

E-mail:hhslcbs@126.com

承印单位:河南新华印刷集团有限公司

开本:787 mm×1 092 mm　1/16

印张:10.75

字数:200千字　印数:1—1 000

版次:2019年10月第1版　印次:2019年10月第1次印刷

定价:68.00元

前　言

随着水利水电建设的发展，国内修建的大坝愈来愈多，地质条件良好的坝址，多已先开工修建。约自20世纪60年代开始，国内在一些地质条件复杂的，例如岩溶发育、冲积层深厚、渗透性大的地区，也逐渐修建大坝。我国可溶岩特别是碳酸盐岩分布广泛，总面积约344.3万km^2，其中出露于地表的有91万km^2，占我国陆地面积的9.5%。在云贵川、两湖两广及重庆地区，碳酸盐岩的分布面积就高达111.6万km^2，出露面积46 km^2，占全国出露碳酸盐岩面积的一半以上。该区域为我国水力资源最丰富的地区，有不少十分优越的库、坝址和水电站场址。为了开发这些地区丰富的水利水电资源，必须解决好岩溶发育带来的许多复杂的工程问题，其中极为重要的就是水库渗漏问题。

本书介绍了隘口水库大坝通过扩大沥青混凝土心墙基座宽度、深度与宽范围深孔固结灌浆加固处理，实现了强岩溶坝基大坝的沉降稳定；成功解决了在平均线岩溶率28.9%的条件下201 m深即中国第一深帷幕灌浆的技术难题，创新采用洞中筑坝与自密实混凝土回填大型溶洞，实现了强岩溶坝基渗透稳定问题。隘口水库大坝是在贵州乌江渡水电站、广西大化水电站之后，在典型喀斯特地形地貌地质条件下筑坝技术的又一次成功案例，对今后类似工程建设具有一定的借鉴与应用价值。

本书作者刘常新在中国水利水电第十一工程局有限公司从事一线施工技术管理工作多年，积累了深厚的理论功底，也为本书的撰写打下了基础。但由于编写时间仓促，加之作者水平有限，书中难免出现疏漏和错误，敬请读者批评指正，以便于本书进一步修订完善。

作　者

2019年5月

目　录

第1章　特强岩溶地区基础处理技术研究现状

1.1　技术研究的目的和意义

我国可溶岩特别是碳酸盐岩分布广泛，总面积约 344.3 万 km^2，其中出露于地表的有 91 万 km^2，占我国陆地面积的 9.5%。在云贵川、两湖两广及重庆地区，碳酸盐岩的分布面积就高达 111.6 万 km^2，出露面积 46 km^2，占全国出露碳酸盐岩面积的一半以上。该区域为我国水力资源最丰富的地区，有不少十分优越的库、坝址和水电站场址。为了开发这些地区丰富的水利水电资源，必须解决好岩溶发育带来的许多复杂的工程问题，其中极为重要的就是水库渗漏问题。

该技术依托重庆秀山隘口水库工程建设开展研究。隘口水库坝址区属典型的喀斯特地貌，岩溶极其发育，河床及右岸近河岸段平均岩溶直线率在 30% 以上，右岸揭露了 K_5、K_6、K_8 等大型溶洞群，地质条件极为复杂，引起了国内知名基础处理专家、地方政府的高度关注，对隘口水库能否成功蓄水表示担忧。

坝基的沉降稳定和渗漏稳定是主要的工程问题，需要进行坝基加固和防渗处理。水库防渗主要是对坝基及两岸一定范围内的岩溶地层进行防渗处理，其防渗漏方案能否成功实施是水库成败的关键。防渗处理除具备一般水库的防渗特点外，还具有三个方面的特殊性：一是水库防渗漏封堵工程为地下式，防渗深度达 200 m，需在分层灌浆平洞中进行；二是存在各种类型的溶洞，必须采用多种方法相结合进行处理；三是强岩溶发育区的河床段具明显的动水特征。为确保隘口水库防渗工程建设目标的顺利实现，抓好工程质量控制、确保技术供应，为公司今后在岩溶地区水利水电市场竞争中提供施工技术保障及提高公司在世界基础处理界的地位与知名度等，十分有必要开展本课题研究。

本技术的研究成果，采取了针对性工程措施，着重解决强岩溶坝基沉降稳定及渗漏稳定两大工程技术难题，是对此类工程地质条件下筑坝的又一次全新探索，具有重大的推广价值，经济效益和社会效益较大。

1.2 国内外研究现状及评述

在岩溶地区筑坝建库有160多年的历史，从刚开始的低坝小库，发展到高坝大库甚至巨库，特别是自1970年加拿大蒙特利尔第十届国际大坝会议以来，岩溶工程地质勘察手段、研究方法、防渗处理设计、施工技术水平等都有了较大的进展和突破，世界上有不少国家在岩溶地区修建水利水电工程，规模也越来越大，并取得了显著成就。我国在岩溶地区修建水利工程始于公元前219～前214年，在湘桂交界、湘江与漓江之间的岩溶地区开凿了一条人工运河，即灵渠，至今仍发挥着良好的水利灌溉效益；而在岩溶地区大规模开展水利水电工程建设还是在1949年以后，修建了诸如新安江、岩滩、乌江渡、东风、洪家渡、构皮滩、彭水、光照、天生桥(一、二级)、万家寨、水布垭、隔河岩、观音阁、武都等库容在数亿至数十亿立方米的大型工程，以及为数众多的中小型水库工程，为我国的国民经济建设做出了巨大贡献。在岩溶地区修建水利水电工程，大多数是成功的。因岩溶工程地质工作深度不够或防渗处理不彻底而导致发生严重渗漏的水库也是存在的，但还是极少数。在美国，1920年修建的赫尔斯·巴尔坝，坝高25 m，水库渗漏量高达50 m^3/s，防渗处理持续了26年，耗资高达1 150万美元，最终因处理无效而放弃；在土耳其，1974年修建的凯班水库因岩溶渗漏问题未能查清，导致水库蓄水后渗漏量达26 m^3/s，虽经过复杂的防渗处理，但渗漏量还是较大(8.7 m^3/s)。在我国，出现水库漏水的岩溶水库主要是20世纪50～60年代修建的中小型工程，如因岩溶渗漏变为干库的云南金殿水库等。

目前，国内外在岩溶水库勘测设计与防渗处理技术方面都取得了众多研究成果，现简要说明如下。

1.2.1 岩溶水库勘察设计研究现状

岩溶水库勘察设计研究经过多年探索，在国内外均取得了众多成果。我国岩溶水库勘察设计研究始于20世纪50年代，并经历了以下三个阶段：

第一阶段，1951～1960年，是岩溶水库勘察设计的探索起步阶段。本阶段，先后完成了河北官厅水库(1954年)、云南以礼河水槽子电站(1958年)、浙江新安江水库(1959年)及云南省丘北县的六郎洞水电站(1960年)等我国在岩溶地区最早一批水利水电工程的勘测及修建。由于当时缺少岩溶水库的勘察设计与建设管理经验，有一些水库曾出现过一些岩溶渗漏问题，但是后来通过防渗处理仍取得了成功，至此，我国的岩溶水库勘察设计水平已经初步显现出来了。

第二阶段，1961～1982年，为岩溶水库勘察设计的成熟阶段。本阶段，有了前一阶段工程勘察设计与建设管理经验，在我国南方的广大岩溶地区，开展了诸多岩溶水库勘察设计研究工作，完成了一大批岩溶水库的勘察设计与兴建。如在贵州省，全面开展了碳酸盐岩分布面积占流域面积80%以上的猫跳河梯级开发规划、勘察设计研究及工程建设工作。建设者经过20年的艰苦奋战，在1979年终于取得了猫跳河梯级开发的成功，成为我国岩溶地区梯级开发的典范。但限于当时岩溶勘察设计水平，未能完全查明岩溶管道的发育情况，梯级开发中的第四级窄巷口水电站出现较大的岩溶管道性渗漏，初期渗漏量约20 m^3/s，约占多年平均流量的45%，虽经1972年和1980年两次库内渗漏堵洞取得一定效果，渗漏量仍有17 m^3/s左右。岩溶水库勘察设计与建设经验证明，在岩溶地区修建水利水电工程，查明岩溶发育规律特别是岩溶管道的分布等是预防水库渗漏的关键。从20世纪50年代末开始，开展了贵州乌江干流上的乌江渡水电站勘测设计工作。该电站于1970年开建，1982年建成，是我国在岩溶典型发育区修建的一座大型水电站（装机63万kW），也是我国岩溶地区的第一座高坝（坝高165 m）与第一座大库（库容23亿m^3）。乌江渡水电站的建成，标志着我国岩溶地区水利水电工程的勘察设计与施工技术水平达到一个新的高度，并赶上了世界先进水平。在乌江渡水电站建设的同时，广西大化水电站由于左岸分水岭地区岩溶发育，且分水岭地下水位低于库水位9～12 m，有可能存在水库渗漏问题，并曾引起较大的争论。后来通过在查明工程地质条件的基础上，针对当地岩溶发育的规律和特点，在可能的渗漏地段采用综合勘探技术方法，获得了较为充分的地质资料；在此基础上，通过科学的论证分析，认为水库渗漏问题较小且可以建库的结论，从而促使该工程及时上马并于1983年建成发电。在本阶段，勘察方法不断创新，物探技术（如遥感及无线电波透视等技术）得到了应用和发展；利用地貌水文网分析法、电网络模型试验、水化学和水温测量等研究方法来解决复杂岩溶水文地质问题效果明显。

第三阶段，1982年以来，是岩溶水库勘察的提高和发展阶段。本阶段，岩溶地区的一大批大江大河上的大型水利水电工程项目得以上马建设。如在乌江干流上，完成了《乌江干流规划报告》中的洪家渡、普定、引子渡、东风、索风营、构皮滩、思林、沙沱、彭水、银盘等10座大型水电站勘察工作，除乌江下游的白马水电站目前还在建外，其余均已先后建成并正在发挥效益，至此，长江上游南岸最大支流的梯级开发任务基本结束。与此同时，还完成了金沙江上水库及坝基深部均为岩溶化地层的溪洛渡水电站，黄泥河上的阿岗与鲁布革水电站，红水河上的天生桥一级和二级、龙滩及岩滩水电站，黄河中游的万家寨水电站，娄水的江垭水电站，以及太子河上的观音阁等数十个大、中型岩溶水库的勘察与建设。岩溶地区目前完成勘察并在建或拟建的大、中型水利水电工程包括重庆隘口水库(中型完建)、贵州黔中水利枢纽(大型在建)、湖北江坪河水电站(大型在建)、山西吴家庄水库(大型拟建)等。本阶段，在岩溶水库工程地质勘察、研究方法等方面都有了较大的进展和突破，除采用常规勘察手段外，大力发展了物探，特别是成果解译引入了层析成像(CT)技术；将微重力法与地质雷达成功地用于岩溶洞穴的探查，还从国外引入了岩性探测仪，以探查深部的岩溶和地下水；根据勘察成果进行分析评价的方法也由宏观分析、定量分析，逐步向科学的理论分析和定量评价方向发展；同时，在分析研究方法方面，也逐渐地科学化、理论化和模型化，三维协同设计在岩溶水库防渗设计方面也得到了推广和应用。这些新技术、新方法的推广应用，不仅解决了岩溶地区复杂的工程地质问题，而且将我国的岩溶地质勘察设计技术推进到了世界领先水平。

1.2.2 岩溶水库防渗处理技术研究现状

在岩溶地区修建水库，其坝区及库区可能存在大小不等、类型各异的渗漏通道，这些渗漏通道不处理或处理不彻底，当水库蓄水后就有可能产生库水向外渗漏，影响水库效益，甚至会危及水库安全。因此，岩溶水库防渗处理极其重要。

岩溶水库防渗是水库防渗处理技术的一个分支，其处理技术复杂，也是一个系统工程，其中，查明工程区内岩溶发育特征、渗漏通道位置与类型等岩溶工程地质条件是关键，是防渗处理设计的技术保障，也是制订可靠、有效的施工技术方案的基础。

岩溶水库防渗具有设计工作复杂、线路长、措施多、范围大、工程量大、费用高、工期长、材料品种多等特点，其水库防渗主要采用帷幕灌浆。

灌浆是一种成熟的防渗处理技术，也研究了许多年，积累了大量经验，取得了丰硕的成果。灌浆技术起源于1802年，由法国人使用木制冲击泵灌入黏土和石灰浆液加固地层；1826年英国研制发明硅酸盐水泥后，灌浆材料发展为以水泥浆液为主；1838年英国的汤姆逊隧道首次用水泥灌浆进行堵水；从

1860 年开始,法国阿朗坝(建于 1845 年,土坝,坝高 13 m)因岩溶渗漏进行了防渗灌浆并最终获得了成功。1886 年英国成功研制出压缩空气灌浆泵,并利用该泵进行水泥灌浆。20 世纪初,灌浆技术在法国和秘鲁煤矿的竖井施工堵水中获得巨大成就,所用灌浆泵的性能也有了极大改善,也促使了这项灌浆技术的加速推广与发展。

我国岩溶水库防渗灌浆在 20 世纪 50 ~ 60 年代,通过一批工程的坝基灌浆实践,初步掌握了常规灌浆在岩溶水库防渗处理中的应用。1964 年,发布了《水工建筑物岩石基础水泥灌浆工程施工技术试验规范》(原水利电力部水利水电建设总局审定)等灌浆施工规范。20 世纪 70 ~ 80 年代,我国在贵州乌江渡水电站强岩溶地层首创了孔口封闭灌浆法,并成功应用于帷幕灌浆,标志着我国灌浆技术达到国际先进水平,并成为之后我国水利水电建设灌浆工程中最主要的施工工法。20 世纪 80 ~ 90 年代,我国先后启动了多项灌浆技术课题研究并在灌浆工艺、灌浆机具和灌浆材料等方面取得了大量的成果;同时,随着计算机技术的发展及国外高效的钻孔灌浆方法和设备的引进,采用自动记录仪监控灌浆施工过程、用计算机分析整理资料等在国内也逐渐得到普及和推广。在此期间,灌浆施工技术规范进行了二次修改和补充,其中,在 1983 年,为了加强技术管理,提高工程质量,促进水利水电工程建设,水利电力部对 1963 年原水利电力部水利水电建设总局审定的《水工建筑物岩石基础灌浆工程施工技术试验规范》、《水工建筑物隧洞水泥灌浆施工技术试验规范》和《水工建筑物岩混凝土坝坝体接缝水泥灌浆施工技术试验规范》进行了修订与合并,并定名为《水工建筑物水泥灌浆施工技术规范》(SDJ 210—83);规范未能将孔口封闭灌浆法列入,对岩溶地区灌浆虽然做了单独规定,但内容有限。1994 年,为推动水利水电工程水泥灌浆技术水平的进步,提高水泥灌浆施工质量,水利部和电力工业部对原水利电力部《水工建筑物水泥灌浆施工技术规范》(SDJ 210—83)进行较大的修改和补充,形成了我国的行业标准即《水工建筑物水泥灌浆施工技术规范》(SL 62—94)。规范把孔口封闭灌浆法单独一节规定(系首次在我国行业标准中认可),并细化了灌浆结束标准等内容;同时,对岩溶地区灌浆进行了单独规定,首次提出“在岩溶地区的溶洞灌浆,应先查明溶洞的充填物类型和规模,而后采用的措施处理”的理念(我们总结为岩溶地区有效灌浆),并首次规定了不同类型溶洞的灌浆处理措施。21 世纪以来,随着我国国民经济和水利水电工程建设加速发展、岩溶水库勘察设计水平的进一步提高,岩溶防渗处理技术水平也得到了相应的提高和发展,防渗处理也从较为单一的方法逐渐向有针对性的综合方法发展。2001

年，为了适应国内外水工建筑物灌浆技术新的发展情况，对 SL 62—94 灌浆规范进行适当补充和修改，形成了电力行业的灌浆规范即《水工建筑物水泥灌浆施工技术规范》(DL/T 5148—2001)，并由国家经济贸易委员会发布；2012年，针对近年来开发应用的新技术、新方法，以及出现的问题，对原标准《水工建筑物水泥灌浆施工技术规范》(DL/T 5148—2001)进行了必要的修改、充实、完善，并由国家能源局批准发布了新的电力行业灌浆规范即《水工建筑物水泥灌浆施工技术规范》(DL/T 5148—2012，代替 DL/T 5148—2001)。新标准增加了“现场灌浆试验”，并单列一章规定；增加了资料性附录“浆液主要性能现场试验方法”；将原来的“坝基岩体灌浆”分列为“帷幕灌浆”和“坝基固结灌浆”两章，并充实了内容；补充了诸如搭接帷幕灌浆、稳定性浆液等若干新技术；对钻孔、钻孔冲洗、压水试验、灌浆、灌浆结束条件等重要的施工工艺参数做了适当调整；拓展了帷幕灌浆孔不同深度的偏斜度；对部分灌浆施工记录及灌浆工程成果表进行了修订、补充。DL/T 5148—2012 规范针对岩溶地层灌浆做了更进一步规定，首次在规范中明确了岩溶发育区等遇水后性能易恶化的地质缺陷部分可不进行裂隙冲洗和简易压水，宜少做或不做压水试验。

在岩溶水库修建过程中，难免会遇到形状各异、大小不等的溶洞，国内外目前对于溶洞处理采取清挖后回填混凝土、回填其他材料(如碎石等)后进行灌浆补强、对防渗影响较大的溶洞采用修改防渗线路等工程措施。

第2章　隘口水库基本地质条件

2.1　地形地貌

防渗线河床段的河床枯水位高程487.15 m，相应河面宽10～20 m，水深小于0.5 m。河谷底宽约110 m。河床覆盖层厚度8～27 m，最厚达38 m（为砂砾卵石夹泥及块石），基岩面高程452～482 m，坝轴线上游$H_{25}-H_{13}-H_{23}-H_{21}-ZK_2$孔一线为深槽，河谷形态呈"U"形，设计蓄水位544.45 m高程谷宽246 m。左岸自然边坡30°～50°，右岸自然边坡约45°，右坝肩600 m高程有一台地为古河床基面，两岸山顶高程890 m，相对高差约400 m。河流流向15°～25°，岩层走向与河流流向夹角35°～60°，为斜向谷，坝址左岸分布有Ⅰ级阶地，高程489～494 m，长250 m，宽80 m，上部为黏土，下部为砂卵石。左岸防渗线下游250 m有一冲沟。

2.2　地层岩性

与防渗有关的地层主要为寒武系（∈）与奥陶系（O）地层。

2.2.1　寒武系地层

寒武系地层包括上统后坝组（$\in_3h$）及毛田组（$\in_3m$），主要分布在防渗线河床段及右岸，其岩性为：

（1）后坝组（$\in_3h$）。顶部浅灰色—灰白色微晶白云岩，以下为灰—深灰色微—细晶白云岩，厚270.00 m。

（2）毛田组（$\in_3m$）。浅灰—灰色微晶—致密灰岩，白云质灰岩与白云岩互层，厚140.80 m，细分为以下三段：

$\in_3^1m$：灰—深灰色微晶—致密灰岩，白云质灰岩与灰质白云岩互层，厚85.80 m；

$\in_3^2m$：浅灰色微晶—致密白云岩夹浅灰—浅肉红色灰岩，厚30.00 m；

$\in_3^3m$：浅灰微晶—致密白云岩与灰色—浅肉红色致密灰岩互层，厚25.00 m。

2.2.2 奥陶系地层

奥陶系地层包括下统的桐梓组(O_1t)、红花园组(O_1h)及大湾组(O_1d),主要分布在河床左岸,其岩性为:

(1)桐梓组(O_1t)。又分为以下三段:

O_1t^1:深灰色粗晶含泥质条带灰岩,厚23 m,这是左岸帷幕的依托;

O_1t^2:黑灰色白云质页岩下部厚约5 m,上部4.15 m为结晶生物灰岩夹页岩,厚9.15 m;

O_1t^3:深灰色中厚层灰岩,白云质灰岩夹白云岩,厚109.32 m。

(2)红花园组(O_1h)。深灰色厚层结晶生物碎屑灰岩,厚58.6 m。

(3)大湾组(O_1d)。上部粉砂岩夹页岩,厚77 m;下部为紫红色页岩夹泥灰岩,厚83 m,总厚160 m。

2.3 地质构造

防渗区(坝址区)在大地构造上属武陵坳陷褶皱束(Ⅲ级),主构造线呈北北东至北东向展布,主要包括褶皱、断层、裂隙等。

2.3.1 褶皱

坝址区位于钟灵复式背斜北西翼与平阳盖向斜南东翼接合部位。向斜由此向南西变为扬起端,岩层走向50°~80°,倾向320°~350°,倾向左岸偏下游,倾角左岸一般25°~35°,向下游为16°,右岸岩层倾角22°~35°。

2.3.2 断层

防渗线上有F_2(隘口断层)、F_{13}及f_4等三条断层。

(1)F_2断层。位于右岸,出露线距坝肩平距300~400 m,在490 m高程处,距右岸边仅210 m。断层走向7°~65°,倾向277°~335°,倾角50°~70°,平均走向23°,倾向293°,倾角50°~70°。破碎带由角砾岩、碎裂岩组成,最宽一般5 m,断续溶蚀宽0.7 m,并发育小溶洞,对右岸坝肩岩溶发育及防渗条件有重要影响。右岸H_{32}、H_{30}、H_{22}、H_{20}、H_{46}孔揭露F_2断层带,设计水位以上断层带发育小溶洞,设计水位以下断层带未见明显溶蚀且透水性小。

(2)F_{13}断层。出露在右岸,从Kw_{14}下游40 m起经H_{14}、ZK_8、H_4~H_2之间向H_{42}以远延伸,长度大于300 m断层走向52°~95°,倾向142°~185°,倾角

49°~65°,破碎带为角砾岩及碎裂岩,断层带宽1~5 m,局部10 m,地表多溶蚀成3~5 cm宽缝或约1 m的溶槽,沿断层带及上盘$\in_3 m$灰岩中发育直径1~2 m小溶洞达17个以上,上盘岩层局部反倾上游,倾角变缓。F_{13}对右岸坝肩的岩溶发育、绕坝渗漏及坝肩的稳定有重要的影响。

(3)f_4断层。出露右岸公路Kw_{12}~H_{10}孔一带,向上游终止在F_{13}断层上,产状为NE273°/NW∠21°,与岩层产状相近,缓切层。可见数条近平行断面,断层带特征以花斑状(深灰色白云岩与灰白色白云石、方解石呈条带状分布,时有白云石、方解石呈团块状)的断层岩、碎裂岩为主,少量角砾岩。断层带厚一般5~10 m。沿断层带地表溶蚀成小溶洞。右岸及河床深孔均揭示f_4,破碎带一般厚5~21 m,破碎带发育溶洞、溶隙,透水性大。其中H_{42}孔深80.24~93.2 m(高程508.32~495.36 m),厚高12.96 m的大溶洞就是沿f_4破碎带发育的。H_4孔f_4与F_{13}交会处破碎带厚66.7 m,高程451.79~485.82 m,发育溶洞10个,总高度19.5 m。

(4)其余小断层及破碎带。右岸发育有f_3、f_5、f_6、f_7、f_8、f_9、f_{14},左岸发育有F_8、F_9、F_{10}、F_{14}等小断层,规模小,对局部地段岩溶发育有控制作用。据钻孔观察,岩芯中构造岩、碎裂岩及微裂隙发育所占基岩比例为4%~41.1%(H_4孔),平均为13.2%,说明坝址岩体挤压破碎严重。

2.3.3 裂隙

(1)坝址右岸主要发育有以下4组裂隙:

①卸荷裂隙:平均走向15°,倾向105°或285°∠70°~90°;

②走向355°,倾向265°∠80°;

③走向285°~325°,倾向195°~235°∠50°~83°;

④走向45°,倾向135°∠50°。

(2)坝址左岸裂隙主要有:

①卸荷裂隙:走向30°~50°,倾向120°~140°∠85°~90°;

②垂直岸坡裂隙:走向322°,倾向232°∠65°,填泥厚约1.0 cm。

2.4 岩溶水文地质条件

2.4.1 岩溶发育特征

2.4.1.1 主要岩溶形态

主要岩溶形态有岩溶峡谷、溶蚀洼地、落水洞、暗河、岩溶泉。

2.4.1.2 影响岩溶发育的主要因素

岩溶发育主要受岩性及厚度、构造、地形地貌、地下水的补排条件、地下水水质特征等条件控制。

1. 地层岩性及厚度对岩溶发育的影响

如$\in_3 m$、$O_1 t^1$、$O_1 t^3$、$O_1 h$ 地层，其厚度大、质纯，岩溶发育，而以微—细晶白云岩为主的$\in_3 h$ 地层岩溶发育相对较弱；据统计资料，坝址河床$\in_3 m$ 地层的溶洞直线率平均23.23%，而$\in_3 h$ 地层平均为7.55%；可溶岩与非可溶岩界面附近岩溶发育。

2. 构造对岩溶发育的影响

由于坝址区位于钟灵背斜北西翼与平阳盖向斜南东翼接合部，岩层挤压破碎严重，岩溶发育；工程区位于F_2断层上盘，受F_2、F_{13}及f_4断层影响，右岸坝肩及台地岩溶强烈发育。

3. 地形地貌、地表、地下水补排条件对岩溶发育的影响

左岸坝肩地形坡度较陡，其岩溶管道相对孤立。近邻右岸坝肩的王家坟—坑坨洼地，为一古河床，相对较平坦，自身岩溶发育，而且对右坝肩岩体进行了强烈溶蚀，并形成右岸$\in_3 h$ 层的深部岩溶。

4. 地表、地下水的水质对岩溶发育的影响

工程区平江河河水、Kw_1暗河水矿化度低，具HCO_3^-溶出性腐蚀。

2.4.1.3 岩溶发育的主要特征

1. 岩溶发育程度

(1)地表岩溶发育程度。工程区地表出露地层主要有$\in_3 m$ 层，左岸还有$O_1 t$ 层，左岸下游冲沟出露$O_1 h$ 层，右岸坝轴线上游出露有少量的$\in_3 h$ 层。坝址主要有以下岩溶系统：左岸有Kw_1、Kw_2及Kw_3系统，右岸有Kw_{14}、Kw_{12}、Kw_{51}系统；右岸近坝凉桥河侧有神仙洞系统Kw_{16} ~ W_{48}系统，右岸坝线下游有W_{103}系统。这些系统的出口一般有溶洞或泉水，是古代及现代地下水的排泄口，其补给区有溶洞或溶蚀裂隙。

(2)地下岩溶发育程度。通过勘探平洞及钻孔揭露，工程区地下岩溶发育特征表现为：

一是沿卸荷带发育，如左岸的P_1、P_3硐，揭露地层为$\in_3 m$ 灰岩，岩溶主要沿卸荷带及Kw_2系统发育；又如右岸的P_2硐，其卸荷带宽36.60 m，岩溶强烈发育等。

二是河床及右岸岩溶比左岸发育，根据钻孔统计资料证实，工程区内河床

及右岸溶洞平均直线率为 12.78% ~10.84%，岩溶强烈发育；而左岸溶洞直线率较低为 5.59%，岩溶呈相对孤立的管道。

三是不同层位岩溶发育程度存在不均一性，如 $\in_3 m$ 地层在右岸与河床均岩溶强烈发育，右岸溶洞直线率为 15.17%，河床溶洞直线率更大，达 23.23%，坝址区(包括王家坟) $\in_3 m^1$ 平均溶洞直线率为 13.63%；而 $\in_3 h$ 河床平均溶洞直线率为 7.55%，右岸为 8.88%，右岸溶洞比河床还要发育，坝址区 $\in_3 h$ 平均溶洞直线率为 7.45%。

2. *岩溶层的划分*

(1)强岩溶层：$\in_3 m$、$O_1 t^1$、$O_1 t^3$、$O_1 h$。

(2)弱岩溶层：$\in_3 h$，右坝肩及上游 ZK_7、H_{11} 孔附近受断层影响为强岩溶层。

(3)隔水层：$O_1 d$、$O_1 t^2$。

3. *岩溶发育的方向及规模*

(1)岩溶发育的方向。左岸各岩溶系统主通道大致与岩层走向一致。河床基岩 $\in_3 m^1$ 岩溶发育的方向与河流流向近乎一致，上游趾板线附近 $\in_3 h$ 岩溶发育与 f_4 断层带有关，深部 $\in_3 h$ 溶洞发育与层间错动带有关，即与岩层倾向和走向都有关。右岸岩溶发育的方向既顺岩层、断层的走向，又顺岩层的倾向方向发育。

(2)岩溶发育规模。左岸 $\in_3 m$ + $O_1 t^1$ 溶洞高度以小于 3 m 为主，占左岸溶洞总个数的 79.2%，洞高 5 ~10 m 溶洞也占有一定比例，达 12.5%；河床 $\in_3 m$ 溶洞高度以小于 3 m 为主，占河床 $\in_3 m$ 层溶洞总个数的 92.6%；$\in_3 h$ 溶洞高度以小于 3 m 为主，占河床 $\in_3 h$ 层溶洞总个数的 93.7%；右岸 $\in_3 m$ 溶洞高度小于 3 m 的个数占右岸 $\in_3 m$ 溶洞总个数的 93%，其中高度小于 0.5 m 的个数占右岸 $\in_3 m$ 溶洞总个数的 39.5%；$\in_3 h$ 层溶洞高度小于 3 m 的个数占右岸 $\in_3 h$ 溶洞总个数的 91.8%，其中高度小于 0.5 m 的个数占右岸 $\in_3 h$ 层溶洞总个数的 58.9%。

4. *岩溶发育程度的大致分区及岩溶发育深度*

(1)左岸在 H_{41} 孔一带溶洞底板高程低于 500 m。

(2)左岸公路上下溶洞底板高程 480 ~490 m。

(3)坝基坐落在 $\in_3 m^1$ 层上，岩溶强烈发育，溶洞发育由于受层位控制，最低高程在 380 m 以上。

(4)河床坝基及左岸坝肩深部为 $\in_3 h$ 层，岩溶发育最低一般在 330 ~370 m，少数达到 308.07 m。

(5)王家坟洼地以东正常蓄水位以下 $\in_3h$ 和左岸及左河槽深部 $\in_3h$ 岩溶发育弱。

2.4.2 坝址水文地质特征

2.4.2.1 地下水的类型

地下水主要类型包括河床砂卵石孔隙水及基岩岩溶水,岩溶水分暗河及岩溶泉水。

2.4.2.2 主要岩溶系统及泉水

与坝址岩溶渗漏有关的泉水统计见表 2-1。

2.4.2.3 地下水的补给排泄条件

前期勘探资料证实,两岸钻孔地下水位一般都高于河水位,坝址两岸有暗河及泉水,均为地下水补给河水。连通试验证实,右岸地下水主要运动方向是由东向西补给。

2.4.2.4 坝址地下水水力坡降

(1)库内地表河流的河床天然比降为 1.4% ~1.6%。

(2)水洞暗河(Kw_1)近出口段实测地下水水力坡降为 2.87%。

(3)Kw_3暗河(左坝肩至出口段)地下水水力坡降为 2.4%。

(4)右坝肩(H_4 ~ Kw_{12})地下水水力坡降为 0.18%。

(5)右岸防渗线 H_{22} ~ H_{32}孔地下水水力坡降:ZK_{10} ~ Kw_{51}平均水力坡降为 18% ~29%。

2.4.2.5 岩体透水性特征

根据前期勘探孔压水资料统计分析,岩层的透水率有以下特点:

(1)左岸:以 $q<5$ Lu 为主,其中 $q>50$ Lu,占左岸总试验段数的 18.8%,$q=50$ ~10 Lu 占左岸总试验段数的 4.8%,$q<5$ Lu 占左岸总试验段数的 75.3%。

(2)河床:仍以 $q<5$ Lu 为主,其中 $q>50$ Lu 的占河床总试验段数的 33.8%,$q=50$ ~10 Lu 的占河床总试验段数的 5.1%,$q<5$ Lu 的占河床总试验段数的 54.3%。

(3)右岸:以 $q>50$ Lu 为主,其中 $q>50$ Lu 占右岸总试验段数的 53.9%,$q=50$ ~10 Lu 占右岸总试验段数的 13.3%;$q<5$ Lu 占右岸总试验段数的 29.4%。

表 2-1　隘口水库坝址区主要泉水、暗河统计

编号	位置	高程(m)	出露层位	气温(℃)	河水温(℃)	水温(℃)	流量(L/min)			
							枯	较枯	平	丰
Kw_1	水洞	488.35	$\in_3 m$	5	9	14	800	2 500 ~ 3 500	4 500	>1.5 m^3/s
Kw_2	峻岭中学对岸	500.04	$O_1 t^1 / \in_3 m$	17		16.5		1 ~ 2	10	20 ~ 30
Kw_3	干洞上游 50 m	486.45	$O_1 t^3$	6		16	700 ~ 800	1 200 ~ 1 500	3 000	1 m^3/s
Kw_{12}	坝轴线右岸	486.84		12	14	16.8		2	20 ~ 80	400 ~ 500
Kw_{14}	上下坝址之间（凉水井）	491.87	$\in_3 m / \in_3 h$	6	8.5	15	10	20	60 ~ 80	600 ~ 700
Kw_{46}	两河口桥上游 250 m	500.26	$\in_3 h$	11		16	20	40 ~ 50	80	500
W_{48}	两河口桥右岸神仙洞下	508.80	$\in_3 h$	17		15.5	30 ~ 50	60 ~ 80	80 ~ 100	>700
Kw_{51}	峻岭中学下游 50 m	480.64	$\in_3 m$	16.3	16.3	15.8	5	5 ~ 10	200	
W_{103}	峻岭中学与峻岭乡中间	477.82	$\in_3 m$	6	10	14.5	150	150	150	200

2.5 本章小结

(1)隘口水库岩性主要为灰岩、白云质灰岩及白云岩。

(2)隘口水库无顺河向区域性大断层,但发育有 F_1、f_4 等断层或层间剪切带,以及多组裂隙。

(3)隘口水库岩溶主要顺构造线发育,类型主要为溶洞、溶蚀裂隙。

(4)隘口水库地下水主要为岩溶水;两岸存在地下水分水岭,其高程大于水库正常蓄水位高程,地下水补给河水;研究区左岸岩体透水性中等,河床岩体透水性强烈,其中 $\in_3 m$ 地层又比 $\in_3 h$ 地层岩体透水性强烈;右岸岩体透水性最强;强透水下限高程与溶洞下限高程基本一致。

第3章 隘口水库岩溶复核探查研究

通过对前期勘察资料初步分析并结合施工过程中揭露的实际地质条件分析,才能更好地修正设计(处理)方案,并为制订较为完善的溶洞及强岩溶发育区处理施工方案提供技术保障。

岩溶发育程度与地层岩性、地质构造、地下水等密切相关,其发育情况十分复杂,相应的探查工作一般应在工程开工前的各勘测阶段完成,受前期勘测工作的精度限制,一些隐伏于工程区(防渗线)的溶洞等岩溶现象需要在施工期利用较为密集的钻孔及其他手段(开挖等)来进一步查明。

岩溶复核探查主要研究方法是利用坝基开挖、平洞开挖、先导孔勘探等手段复核工程区内的岩溶地质条件,并与前期勘察资料进行对比分析研究,查找出防渗线上隐伏的溶洞、管道、大的溶蚀裂隙等岩溶现象,必要时进行重点地段的补充勘察工作,以确保岩溶防渗帷幕及溶洞处理的可靠性。

3.1 施工期间岩溶复核探查研究方法

3.1.1 岩溶水文地质勘察方法简述

由于岩溶发育是复杂的,其水文地质条件则更复杂,难以用一般水文地质学进行分析论证,也难以用一般的勘察方法(手段)查明。因此,岩溶区水库渗漏勘查方法除采用非岩溶区勘查方法(手段)外,主要还是采用岩溶工程地质学的理论和方法进行勘察与分析研究。随着我国60多年在岩溶区积累的勘察经验和多种综合技术和新技术的出现,岩溶地区的水库勘察技术有了很大提高,目前国内外岩溶地区的主要勘察方法如下。

3.1.1.1 地质调查

地质调查主要包括岩溶水文地质测绘与岩溶溶洞调查。

岩溶水文地质测绘主要包括野外地质调查与成果分析,是一项基础地质工作,是勘探、试验等工作的基础,通过岩溶水文地质测绘,初步分析岩溶发育与分布规律、地下水补给、径流与排泄条件等。岩溶溶洞调查的主要内容包括溶洞规模、形态、沉积物等,是研究地下水位以上岩溶洞穴行之有效的勘查方法。

地质调查法适用于岩溶水库各勘察阶段，包括施工阶段。

3.1.1.2 钻探

钻探是获得岩溶地层岩性、地质构造、岩溶水文地质等地下信息（资料）最直接的手段之一，也是岩溶地区最常用（基本）且有效的勘察手段。钻探不仅能探查岩溶基本地质条件（如探查地层岩性、地质构造、岩溶洞穴的性状规模等）、进行水文地质试验（如压、抽水试验、示踪试验等）以及岩溶地下水观测等，还可以利用钻孔进行物探测试工作，如电磁波与声波透视、钻孔电视录像、地下水水温、流速测试等。钻探孔一般以查明岩溶水文地质条件为原则进行布置，多为深孔，工作量一般以岩溶发育程度呈正向相关，即岩溶发育简单，则工作量较小，岩溶复杂，则工作量大。

3.1.1.3 水文地质试验

水文地质试验主要包括钻孔压、抽水和注水试验及示踪试验等，其目的是探查岩溶化岩体的透水性、岩溶管道的连通性，取得地层的各种水文地质参数等。其中压水试验是最常用的水文地质试验。示踪试验是探查岩溶水的补排关系、地下分水岭位置的高效手段，适合复杂岩溶水文地质条件下的勘察。

3.1.1.4 物探

物探是指地球物理勘探，是通过研究天然的和人工的物理场的各种参数来进行地质解译的一种勘探方法，具有透视性、效率高等特点。由于地层（或岩体，或地质体）的复杂性和物探成果的多解性，其成果要有一定的钻孔、平硐等勘探工作验证，与钻孔或平硐配合使用效果较好。岩溶区水库岩溶渗漏勘察中主要的物探方法有电法勘探（如 EH4）、探地雷达、钻孔 CT 等。

钻孔 CT 又包括电磁波 CT、声波 CT 等。钻孔电磁波 CT 是根据不同地层对电磁波的吸收不同，利用无线电磁波在地层中传播的电磁场强进行层析成像，得到成像区内地层电磁波吸收系数的分布，确定地质体异常的位置、空间分布和形态；声波 CT 是根据不同地层对声波传播速度不同，利用声波在地层中传播的走时进行层析，得到成像区内岩体声波波速的分布，确定地层异常的位置、空间分布和形态。利用钻孔 CT 可以查明岩溶的具体位置、空间分布和形态，是水库岩溶渗漏处理勘察的有效手段之一。

3.1.1.5 岩溶地下水观测

岩溶地下水观测分为简易观测和动态观测。

简易观测包括钻孔初见水位、钻进过程水位、终孔水位、稳定水位、自流孔及泉水的流量观测；动态观测包括地下水与地表水体的水位、水质、水温、泉水流量观测及测区降雨量观测。

岩溶地下水观测是探查岩溶水流性质与岩溶含水介质类型,岩溶地下水补给、径流和排泄域,岩溶地下水分水岭位置和高程,地下水位以下岩溶渗漏通道(或管道)位置等的有效方法。在水库岩溶渗漏勘察中,不仅要认真做好简易观测,更重要的是动态观测。

3.1.2 施工期间岩溶复核探查研究方法

根据前述分析并根据实际情况,本着节约的原则,确定采用以下岩溶复核探查方法(若仍未能查明研究区岩溶发育性状,则建议在特大型溶洞处理及强岩溶发育区防渗处理子课题中进行适当的补充工作来完善)。

(1)地质调查法。对研究区内的坝基开挖及灌浆平洞开挖断面进行详细的地质调查(包括适当的地质测绘),并进行统计分析。

(2)先导孔钻探。对研究区内所有先导孔开展跟钻值班工作,以取得准确可靠的钻探成果,包括对先导孔岩芯进行详细描述、对压水资料进行统计分析、编制灌前防渗线渗透剖面图等。

(3)水文地质试验。利用先导孔进行水文地质试验,以了解研究区岩体的透水性能,特别是复核原设计防渗底线高程的准确性。

3.2 开挖揭露的岩溶地质研究

3.2.1 大坝坝坑开挖

大坝基坑施工开挖揭示局部地质条件有一定变化,开挖到设计建基面469.0 m高程后仍未见基岩出露,基坑岩溶发育,无连续统一的基岩面,基坑渗水量大,基坑常被泥浆覆盖,施工条件差,进度缓慢,见图3-1 ~ 图3-4。

3.2.1.1 岩溶地质条件调查

为研究大坝基坑开挖后的岩溶地质条件,基坑开挖过程中进行了详细的地质调查(地质测绘),包括开挖形态、地层岩性、地质构造及岩溶发育情况等。

1. 开挖形态

表现为两岸高、中间低,下游高、上游低,横河向呈“V”字形,开挖至建基面高程(470 ~ 473 m)后河床左岸导流明渠外侧形成高15 ~ 21 m的陡坎,河床右岸则以平缓斜坡与岸坡相连。

图 3-1　基坑开挖过程(一)

图 3-2　基坑开挖过程(二)

2. 地层岩性

基岩岩性为 $\in_3^1 m$ 灰—深灰色微晶—致密灰岩,白云质灰岩与灰质白云岩互层,基坑上游右岸为 f_4 断层错动带,岩性为花斑状白云岩。基坑岩层产状正常,岩层走向 50°～80°,倾向 320°～350°,倾向左岸偏下游,倾角左岸一般 25°～35°,向下游变化为 16°,右岸一般 28°～35°。

3. 地质构造

f_4 断层错动带产状与岩层产状相近;基坑岩体中溶蚀裂隙发育,大部分溶蚀张开,宽 5～10 cm,部分发育形成溶洞,充填灰黄色黏土夹砂砾石、碎石及溶蚀残留块石。

图 3-3　基坑开挖过程(三)

图 3-4　基坑开挖过程(四)

4. *岩溶现象*

大坝基坑岩溶极其发育,岩溶形态以溶洞、溶沟、溶槽(溶蚀深槽)、宽大溶蚀裂隙为主,其中:

(1)溶蚀深槽。分布于河床中心及左岸,面积 7 320 m^2,顺河向长约 228 m,宽 8 ~ 64 m(在坝轴线即防渗帷幕轴线的上、下游各 15 m 范围内最宽)。溶槽分布区内基岩面最低高程:上游 458.47 m,坝轴线附近 463.42 m,下游 466.31 m;溶槽充填物为灰黄色黏土夹砂砾石、碎石、块石,无基岩出露,厚 2.5 ~ 10.4 m,最厚达 14.25 m。溶蚀深槽内的充填物结构松散,遇流水扰动即成为流塑状稀泥,沉陷性大,物理力学性质差,抗渗性低。

(2)溶洞。为了解基坑基岩下是否发育有溶洞,在坝轴线(防渗帷幕轴线)附近布置了多个补充勘探孔,其中在河床左岸的 B_1 孔共揭示 4 层溶洞,孔深分别为 3.5 ~ 5.5 m(无充填)、7.0 ~ 9.5 m(无充填)、12.4 ~ 14.3 m(充填黏土夹砂砾石)、16.8 ~ 22.0 m(其中 16.8 ~ 19.0 m 无充填,19.0 ~ 22.0 m 充填黏土夹砂砾石);其余钻孔也均多处揭示有高度 <1.0 m 的溶洞。

3.2.1.2 基坑溶蚀分区(带)研究

通过基坑地质测绘,并结合补充勘察情况,根据基坑溶蚀程度对基坑溶蚀分区(带)进行了研究,将基坑岩溶基岩分为以下三个区(带)。

1. Ⅰ区(带):溶蚀岩体区(带)

主要特征表现为基岩成片出露,以溶蚀裂隙及直径 <2.0 m 的溶洞发育为主,溶隙及溶洞中普遍充填黄色黏土夹砂砾石、碎石,主要分布在河床两岸。在基坑 485 m 高程以下出露面积 13 626 m^2,占基坑总面积的 41.8%。根据初设勘察报告,Ⅰ区线溶蚀率在基岩面以下 0 ~ 10 m 为 30%,10 ~ 20 m 为 20%,20 ~ 30 m 为 10%,30 ~ 50 m 为 5% ~ 10%,50 m 以下为 <5%,但河床深部局部有大溶洞发育。本次课题研究(含补充勘察)在右岸坝轴线上游做了一次面积溶蚀率统计,统计高程 471 ~ 474 m,统计面积 306.21 m^2,其中溶蚀面积 58.47 m^2,计算出面积溶蚀率为 19.1%,与基岩面以下 10 ~ 20 m 20% 的直线岩溶率接近。在现场施工过程中发现,将基坑中已出露的连续基岩炸开清除后,下部则出现一些溶蚀残留岩体区,再对其进行开挖后,又会出现相对完整的连续岩体。这一现象在基岩面以下 0 ~ 30 m 可能会反复出现。

2. Ⅱ区(带):溶蚀残留岩体区(带)

溶蚀残留岩体区出露石柱、石芽,有基岩产状,下部与成片基岩相连,其间发育溶沟、溶槽,并相互贯通,充填灰黄色黏土夹砂砾石、碎石、块石。本区主要分布在河床中心两侧、Ⅰ区与Ⅲ区过渡地带。在基坑 485 m 高程以下出露面积 10 070 m^2,占基坑总面积的 30.9%。Ⅱ区在剖面上的厚度为 2.0 ~ 8.0 m,最厚达 12.5 m。现场测量Ⅱ区的土石比为 2:1 ~ 1:1,溶蚀率达 50% ~ 75%。

3. Ⅲ区(带):溶蚀填泥区(带)

溶蚀填泥区充填灰黄色黏土夹砂砾石、碎石、块石,无基岩出露,位于地下水位以下,含水量大,结构松散,遇水机械扰动后即成为流塑状的稀泥。在基坑中共分布有 4 处,基坑上、下游 3 处及河床中心溶蚀深槽。在基坑 485 m 高程以下出露面积 8 900 m^2,占基坑总面积的 27.3%。Ⅲ区在剖面上的厚度为

2.5 ~10.4 m,最厚达14.25 m。

3.2.1.3 处理建议

由前述研究可知,大坝基坑岩溶极其发育,需要进行处理。根据各区岩溶发育情况,应采取以下有针对性的工程措施(建议):

(1)Ⅰ区出露岩体可保持现状,将溶蚀裂隙、溶洞充填物清除一定深度,封闭基坑进行灌浆即可。

(2)Ⅱ区有两种处理方法:一是清除溶沟、溶槽充填物及松动岩块,将溶沟、溶槽回填碎块石,但要求石柱、石芽的高度不能太高,溶槽宽度不能太小,否则很难控制碾压的密实度。二是全部开挖清除,但困难较大,目前处于基岩面以下5 ~10 m深度内直线溶蚀率30%,需超挖至10 m以下才可能至Ⅰ区岩体。

(3)Ⅲ区不能直接作为坝基持力层,特别是在大坝心墙(防渗轴线)及其附近。建议坝轴线上河床近左岸一带发育的溶洞进行明挖并回填处理。

3.2.2 灌浆平洞开挖

3.2.2.1 左岸灌浆平洞

(1)左上平洞较大的溶洞主要为桩号0 +006.5 ~0 +008 m下游壁及洞顶发育Zs $-k_1$溶洞(K_{18}溶洞),充填黏土夹碎石,向下游壁发育,无地下水;桩号0 +11.7 m上游壁顺层发育一长0.4 m、高0.3 m的Zs $-k_2$溶洞,无充填,无地下水;桩号0 +020.9 ~0 +029.0 m两洞壁的下部及底板发育有Zs $-k_3$溶洞,充填黏土夹碎石及岩块。

(2)左中平洞揭露了Zz $-k_1$ ~Zz $-k_8$等8个溶洞,其中桩号0 +0.00 ~0 -012 m发育了Zz $-k_1$、Zz $-k_2$二个较大的溶洞,Zz $-k_2$在洞顶近于直立发育,形成宽4 m、高2.5 ~3.0 m的空洞,无充填物;其余溶洞发于洞壁或底板,以充填型溶洞为主,充填物为黏土夹碎石,延伸长度0.2 ~12 m(Zz $-k_6$顺层发育,长12 m),高0.3 ~2.5 m。

(3)左下平洞发育有Zx $-k_{12}$、Kw_7、Kw_8等溶洞或溶洞群,其中:

Zx $-k_{12}$发育桩号为0 +002.72 ~0 +009.88 m上游壁,该溶洞规模较大,与导流明渠底板相连,大部分为空洞,洞底堆积物为溶蚀塌陷岩体,岩体中夹有碎石及黏土,有水流出,高度大于15 m。

在桩号0 +430.8 ~0 +447.5 m发育有Kw_7暗河系统,规模较大,在平洞内为一宽16.7 m,最高达18.1 m的方厅,505 m高程以上为空腔,以下为黏土夹碎石、溶蚀残留与塌陷岩块。该暗河系统顺岩层走向发育并向平洞上、下游延伸发育，向上游实测（人能进入部分）管道长度约334.3m，不能进入存在支管道，暗河流量约80 L/min，水中有透明盲鱼。上游尾部分为三个支管道，其中一支管道直立发育，形成直径约5 m的空洞向上约30 m（未见顶），有水流下，流量约20 L/min，其他支管道洞径0.5 ~1.3 m，流量约60 L/min。该暗河在平洞下游实测长度约313 m，洞底堆积了大量从洞顶塌落的大孤石，直径为数米至数十米。靠山体一侧发育一顺河向裂缝状基岩深槽，宽0.2 ~0.3 m，深10 ~15 m，有水流声。连通试验证实，该暗河系统的水流向矮迷溪河的Kw_3岩溶泉排泄。

Kw_9暗河位于桩号0 +475.7 ~492.8 m，其管道规模较大，平洞揭露处最高达19 m，在高程493.8 m处见流水，流量约50 L/min（枯季流量）。该暗河系统顺岩层走向发育，实测平洞上游长度为317.8 m，洞尾部为一水深约1.0 m的水塘；平洞下游实测该暗河管道109.7 m，洞尾为一高1.0 ~1.5 m的跌坎，以下为水深1.0 ~1.5 m的水塘，向下游逐渐变窄（人不能进入）。

在桩号0 +012.5 ~0 +018 m、0 +050 ~0 +051.3 m发育有$Zx-k_{13}$、$Zx-k_{14}$；其他洞段发育有$Zx-k_{15}$ ~ $Zx-k_{22}$，多为充填黏土夹碎石或空腔型溶洞。

3.2.2.2 右岸灌浆平洞

（1）右上平洞发育有K_9等多个大型溶洞，其中：

桩号0 +063 ~0 +151.9 m由于处于王家坟洼地下方，地下水活动明显，属强溶蚀区，发育的K_{9-1} ~ K_{9-5}等5个溶洞均为$Y-K_9$岩溶系统。该系统规模较大，顺层向上、下游发育，溶洞底部见溶塌岩块、碎石、黏土、砂砾石等，其中K_{9-5}与K_{12}溶洞相连、K_{9-3}有冷气冒出。

右上平洞其他溶洞包括K_{10}、K_{11}等充填型溶洞，主要充填黏土夹碎石、块石。

（2）右中平洞揭露了K_5等多个溶洞或溶洞群，其中：

K_5溶洞：桩为0 +115.5 ~0 +121 m，向上、下游壁及底板发育，止于洞顶。洞底见暗河，地下水活动明显，局部水深约0.5 m，暗河沟底见砂砾石，磨圆度较好，两侧见大量黏土形成的土堆，暗河最高点高程为522 m，最低占高程为493 m，高差达29 m。

K_6溶洞：桩号0 +040.8 ~0 +042.4 m，贯穿平洞发育，洞底充填黏土及碎块石，洞壁有渗水并附灰华。与上游Kw_{12}、右坝肩KL_1等为同一溶洞系统。

在桩号0 +085 ~0 +090 m、0 +160 ~0 +167 m、0 +172 ~0 +180.5 m分别发育有$Yz-K_7$、K_8、K_9溶洞，为充填型溶洞，充填黏土夹碎块石，有渗水。

(3)右下平洞在开挖过程中揭露了 K_5、K_6、K_8溶洞，其中：

①桩号 0 +018.8 ~0 +062 m 为一强溶蚀带，带内小溶洞发育充填可塑、软塑状黏土，平洞开挖时沿溶蚀面有黏土流出，岩体完整性差，时有崩塌掉块。

②桩号 0 +062 ~0 +083 m 遇到 K_6溶洞，该部位为溶洞底部，主要充填黏土夹碎块石，仅局部为空洞，溶洞内见右坝肩锚索孔注浆漏失的水泥浆沉积形成的水泥结石。洞内有地下水流出，枯季流量 12 L/min，雨后流量增大明显。该部位的 K_6溶洞与右中平洞遇到的 K_6溶洞为同一溶洞。

③桩号 0 +115 ~0 +177 m 遇到 K_5 溶洞，该溶洞规模巨大，与右中、右上遇到的 K_5 溶洞为同一溶洞。在施工 4#支洞时遇到该溶洞，在表现为空腔(溶蚀大厅)及溶塌堆积物，其中溶洞空腔长(顺防渗帷幕轴线方向)30 ~50 m，宽 25 ~30 m，高 4 ~28 m，估算体积约 3 万 m^3，堆积物主要为溶塌碎块石、黏土等，黏土呈可塑状，质纯，黏性强，遇水成稀泥。

④桩号 0 +165 ~0 +179 m 段在施工过程中揭露了 K_8溶洞。该溶洞与 K_5溶洞相连段的上游侧边壁的黏土及孤石在施工时滑塌呈现一大型半充填型溶洞即 K_8 溶洞，溶洞沿层面发育，底部为溶塌碎块石及黏土，以上为空腔，体积约 0.9 万 m^3，有地下水流出，且见已凝固水泥浆(上层平洞灌浆时漏的水泥浆)。该溶洞总体发育于防渗线上游，并向中、上层平洞发育。

3.2.2.3 岩溶发育特点及建议

通过对左、右岸灌浆平洞详细的地质调查(含溶洞调查)及分析，研究区的两岸岩溶较为发育，在不同高程分别揭露了不同类型的岩溶，包括特大型洞或溶洞群、岩溶管道及宽大溶蚀裂隙，并具备以下特点：

(1)岩溶基本上顺构造线发育，如顺层面及断层面发育。

(2)右岸岩溶极其发育，且多为特大型溶洞、岩溶管道，并贯穿整个右坝，对防渗工程及右岸坝肩稳定均有较大影响。

(3)左岸岩溶发育总体上来说相对相弱，多以顺层发育中小型溶洞及溶蚀裂隙为主，但在下层灌浆平洞尾部仍发育有 Kw_7、Kw_8 二个大型岩溶管道系统。

(4)由于灌浆平洞仅各在 3 个不同高程布置，揭露的岩溶地质现象不能真实反映两岸防渗线上岩溶发育情况，因此建议利用各层灌浆平洞的先导孔进行相应的补充勘察工作(如电磁波 CT 探查)，以了解整个防渗线上岩溶发育情况。

(5)右岸溶洞发育规模巨大，其发育的边界未能完全查明，建议在进行溶洞处理前采用物探方法(如电法勘探)进行补充勘探，以了解溶洞的空间分布情况；右岸的 K_5、K_8 溶洞为半充填型溶洞，下部充填物的情况（如厚度等）未能查明，建议开展适量的补充勘察工作，为充填物利用提供地质依据。

3.3 先导孔勘探及水文地质试验研究

3.3.1 先导孔勘探

为进一步查明防渗线上的岩溶发育情况，设计在防渗线每层的灌浆平洞中共布置了 88 个先导孔，本着节约原则，先导孔布置在Ⅰ序灌浆孔的孔位上（一孔多用），孔距一般为 24 m，孔深大于原防渗底线 10 m。

先导孔按地质勘探孔施工，包括钻孔取芯、钻孔水位观测、水文地质试验等内容。在整个先导孔施工过程中，课题组成员对先导孔的钻孔过程进行了全过程跟踪，及时了解钻进过程中地质情况，对遇到异常现象（如遇溶洞掉钻、不返水等）及时记录；先导孔结束后对岩芯进行地质编录并编制钻孔柱状图。

为研究先导孔揭露的岩溶地质情况，课题组对先导孔资料进行了统计分析（见表 3-1），由表 3-1 可知：

（1）右上平洞钻孔主要揭露了一些充填型溶洞或溶蚀裂隙，其中：

桩号 0 +0.00 ~0 +075 m，在高程 500 m（孔深 50 m 以上）以上裂隙发育（钻孔岩芯呈短柱状及碎块状），未见溶洞或较大的溶蚀裂隙，钻进过程返水正常。

桩号 0 +075 ~0 +380 m 岩溶发育，主要为充填型为主，充填型为黏土、黏土夹碎石、夹砂等，仅在桩号 0 +080.5 m 的 R1 -1 - Ⅰ -041 孔的孔深47.2 ~58 m（其中孔深 53.5 ~58 m 充填黏土）揭露一半充填型溶洞，初步分析该溶洞与 K_5 溶洞为同一岩溶系统。岩溶发育高程一般在 490 m 以上（孔深 60 m），部分达 83.5 m（如桩号 0 +152.5 m 的 R1 -1 - Ⅰ -077 孔），为一小型溶洞，钻进时不返水。

桩号 0 +380 ~0 +635 岩溶不甚发育，以裂隙或溶蚀裂隙为主，透水率较大（以大于 5 Lu 为主），钻进过程及返水颜色基本正常（仅个别孔段返水呈黄色）。

（2）左上平洞先导孔及灌浆孔揭露的岩溶以充填型及半充填型溶洞为主，充填物主要为黏土及黏土夹碎石、夹砂等。其中：

桩号 0 +0.00 ~0 +030 m 主要为充填型溶蚀裂隙或溶缝（0.5 ~1.0 m），返水量及颜色正常（仅部分孔段返水较小或返水颜色呈黄色），高程在 510 m 以上（孔深 40 m 以上）。

表 3-1　先导孔及灌浆孔钻孔情况统计表

序号	孔号	桩号	孔口高程（m）	孔深（m）	钻孔揭露的岩溶地质情况
右上平洞先导孔					
1	RB－1－Ⅰ－008	0＋233	549.20	46.1	孔深0～46.1 m岩芯破碎
2	R1－1－Ⅰ－005	0＋8.8	549.20	46.99	孔深0～5 m岩芯破碎，13～46.99 m岩芯破碎；其余岩芯较为完整
3	R1－1－Ⅰ－017	0＋32.5	549.20	46.99	孔深0～8.2 m岩芯破碎，8.2～10 m脱孔，10～46.99 m，岩芯破碎；其余岩芯较为完整
4	R1－1－Ⅰ－041	0＋80.5	549.36	68.0	孔深5～23 m岩石较为完整，23～38 m岩芯破碎，47.2～53.5 m脱孔，53.5～58 m为黄泥物填充；其余岩芯较为完整
5	R1－1－Ⅰ－053	0＋104.5	549.36	46.99	孔深28～46.99 m岩芯破碎；其余孔段岩芯较为完整
6	R1－1－Ⅰ－065	0＋128.5	549.64	46.99	孔深3～4 m黄泥层；其余孔段岩芯较为完整
7	R1－1－Ⅰ－077	0＋152.5	549.78	121.39	孔深0.5～83 m岩石破碎，83.5 m处不近水（0.2 m钻进很快）。87.5～92.5 m岩石破碎；其余孔段岩芯较为完整
8	R1－1－Ⅰ－089	0＋176.5	549.92	108.73	孔深1.5～1.8 m夹泥夹砂近水呈黄色，岩石破碎近水呈灰白色，9.3～10 m夹泥夹砂近水呈黄色，11.2～12.8 m分层夹泥夹砂近水呈黄色，19.8～27.8 m岩芯破碎分层夹泥夹砂近水呈黄色；其余孔段岩芯较为完整
9	R1－1－Ⅰ－101	0＋200.5	550.06	100.95	孔深1.0～1.5 m岩石破碎夹有泥沙近水呈黄色，1.5～1.9 m有夹泥夹砂，7.5～9.5 m岩石破碎夹黄泥近水呈黄色，11～12.5 m岩石破碎夹黄泥，近水呈黄色，19.5～20 m岩石破碎夹黄泥，25～26.5 m岩石破碎夹黄泥近水呈黄色，46～47.5 m岩石破碎、夹泥夹砂；其余孔段岩芯较为完整

续表 3-1

序号	孔号	桩号	孔口高程（m）	孔深（m）	钻孔揭露的岩溶地质情况
10	R1－1－Ⅰ－113	0＋224.5	550.2	94.77	孔深 3.8～4.8 m 岩石破碎近水呈黄色,6.3～7.0 m 岩石破碎夹黄泥,19.8～20.8 m 近水呈红色,25.3～26.8 m 岩石破碎夹黄泥,近水呈黄色;其余孔段岩芯较为完整
12	R1－1－Ⅰ－125	0＋248.5	550.62	93.22	孔深 7.8～87.8 m 岩石破碎近水呈灰白色；其余孔段岩芯较为完整
13	R1－1－Ⅰ－137	0＋272.5	550.48	91.67	孔深 0～0.8 m 混凝土,25.3～26.3 m 碎石返黄泥水,72.8～77.8 m 岩石破碎,近水呈灰黄色, 42.8～72.8 m 岩石破碎,近水呈灰白色；其余孔段岩芯较为完整
14	R1－1－Ⅰ－149	0＋296.5	550.62	90.12	孔深 1.5～2.8 m 岩石完整,近水呈白色,4.8～7.8 m 岩石破碎,57.8～62.8 m 岩石破碎,62.8～90.12 m 岩石破碎近水呈灰白色；其余孔段岩芯较为完整
15	R1－1－Ⅰ－157	0＋312.5	550.70	79.08	孔深 0～9.5 m 黄泥夹砂,10.5～11 m 脱孔,11～12 m 黄泥夹砂,12～25 m 黄泥层,不近水,25～25.5 m 脱孔,26～31 黄泥层,47～52 m 岩层破碎,65～72 m 岩层破碎；其余孔段岩芯较完整
16	R1－1－Ⅰ－161	0＋320.5	550.76	88.57	孔深 12～37 m 岩层破碎(14.5～16 m 近水呈黄色),43～88.57 m 岩层破碎(53.5～54.5 泥沙,近水呈黄色)；其余孔段岩芯较为完整
17	R1－1－Ⅰ－173	0＋344.5	550.9	87.02	孔深 2.8～39.3 m 岩芯破碎,39.3～40.3 m 碎石夹黄泥,40.3～42.8 m 岩芯破碎,52.8～54.3 m 岩芯破碎,54.3～55.3 m 碎石夹砂,55.3～62.8 m 岩芯破碎,62.8～66.5 m 碎石夹泥沙,66.5～79.3 m 岩芯破碎,79.3～80.3 m 破碎岩石夹泥沙,79.3～84.8 m 岩芯破碎,84.8～86.3 m 破碎岩石夹泥沙；其余孔段岩芯较为完整

续表 3-1

序号	孔号	桩号	孔口高程（m）	孔深（m）	钻孔揭露的岩溶地质情况
18	R1 - 1 - Ⅰ - 185	0 + 368.5	551.04	85.47	孔深 2.8 ~ 32.8 m 岩芯破碎，33 ~ 36.8 m 破碎岩石夹泥沙，37.8 ~ 41.8 m 破碎岩石夹泥沙，42.8 ~ 44.3 m 碎石夹泥沙，45.3 ~ 46.8 m 碎石夹泥沙，49.3 ~ 50.3 m 破碎岩石夹泥沙，50.3 ~ 53.4 m 岩芯破碎，53.4 ~ 54.3 m 破碎岩石夹黄泥，54.3 ~ 55.3 m 破碎岩石夹红泥，55.3 ~ 56 m 红泥，56 ~ 74.3 m 岩芯破碎，74.3 ~ 75.3 m 破碎岩石夹泥沙，75.3 ~ 85.47 m 岩芯破碎；其余孔段岩芯较为完整
19	R1 - 1 - Ⅰ - 197	0 + 392.5	551.18	83.92	孔深 40.3 ~ 46.8 m 碎石，47.8 ~ 49.3 m 碎石，50.3 ~ 51.8 m 碎石，57.8 ~ 59.3 m 碎石，60.3 ~ 64.3 m 碎石，65.3 ~ 66.8 m 碎石；其余孔段岩芯较为完整
20	R1 - 1 - Ⅰ - 209	0 + 416.5	551.32	92.37	孔深 0.8 ~ 7.8 m 岩芯破碎，9.3 ~ 10.3 m 岩芯破碎，16.8 ~ 17.8 m 岩芯破碎，17.8 ~ 21.8 m，22.8 ~ 25.3 m，26.8 ~ 27.8 m，42.8 ~ 46.8 m，47.8 ~ 49.3 m，50.3 ~ 51.8 m 碎石；其余孔段岩芯较为完整
21	R1 - 1 - Ⅰ - 221	0 + 440.5	551.46	80.82	孔深 4 ~ 15.3 m 岩芯破碎，15.3 ~ 16.8 m，17.8 ~ 21.8 m，24.3 ~ 27.8 m 碎石，31.8 ~ 37.8 m 岩芯破碎，41.8 ~ 46.8 m 碎石，52.8 ~ 57.8 m 岩芯破碎，57.8 ~ 65.3 m 碎石；其余孔段岩芯较为完整
24	R1 - 1 - Ⅰ - 257	0 + 512.5	551.88	76.17	孔深 0 ~ 0.8 m 混凝土，0.8 ~ 38.8 m 岩石破碎，近水呈灰白色，43.8 ~ 58.8 m 岩石破碎，近水呈灰白色；其余孔段岩芯较为完整
25	R1 - 1 - Ⅰ - 269	0 + 536.5	552.02	74.62	孔深 0.8 ~ 43.8 m 岩石破碎，近水呈灰白色，53.8 ~ 58.8 m 岩石破碎，近水呈灰白色；其余孔段岩芯较为完整
26	R1 - 1 - Ⅰ - 281	0 + 560.5	552.16	73.07	孔深 0.8 ~ 28.8 m 岩石破碎，近水呈灰白色，43.8 ~ 53.8 m 岩石破碎，近水呈灰白色；其余孔段岩芯较为完整

续表 3-1

序号	孔号	桩号	孔口高程（m）	孔深（m）	钻孔揭露的岩溶地质情况
27	R1－1－Ⅰ－293	0＋584.5	552.30	71.52	孔深 13.8～38.8 m 岩石破碎，近水呈灰白色，43.8～58.8 m 岩石破碎，近水呈灰白色；其余孔段岩芯较为完整
28	R1－1－Ⅰ－305	0＋608.5	552.44	69.97	孔深 0.8～33.8 m 岩石破碎，近水呈灰白色，48.8～53.8 m 岩石破碎，近水呈灰白色；其余孔段岩芯较为完整
29	R1－1－Ⅰ－317	0＋632.5	552.58	68.42	孔深 0.8～18.8 m 岩石破碎，近水呈灰白色，38.8～48.8 m 岩石破碎，近水呈灰白色；其余孔段岩芯较为完整
左上平洞先导孔（含灌浆孔）					
30	L1－1－Ⅰ－9	0＋016.5	550.05	37.93	孔深 16.5～17.5 m 岩石含砂，35～35.6 m 砂层，38.4～38.9 m 泥层；其余孔段岩芯较为完整
31	L1－1－Ⅰ－017	0＋032.5	550.10	37.90	孔深 15.6～18 m 碎石夹黄泥，18.5～22.5 m 岩石破碎；其余孔段岩芯较为完整
32	L1－1－Ⅰ－029	0＋056.5	550.17	68.05	孔深 4.5～7.5 m、32.5～34 m、35～36.5 m、62.5～64 m 岩石夹砂，21～21.5 m 岩石破碎；其余孔段岩芯较为完整
33	L1－1－Ⅰ－37	0＋072.5	550.22	67.61	孔深 52.5～62.5 m 岩石破碎；其余孔段岩芯较为完整
34	L1－1－Ⅰ－49	0＋96.5	550.27	66.95	孔深 17.5～22.5 m、37.5～47.5 m 岩石较破碎；其余孔段岩芯较为完整
35	L1－1－Ⅰ－61	0＋120.5	550.33	66.28	孔深 27.5～32.5 m 岩石较为破碎；其余孔段岩芯较为完整
左中平洞（含灌浆孔）					
36	L2－1－Ⅰ－23	K0＋044.52	518.11	44.72	孔深 19.01～22.01 m 有碎石夹黄泥；其余孔段岩芯较为完整
37	L2－1－Ⅰ－35	K0＋068.52	518.23	38.00	孔深 25.52～26.12 m 有黄泥层；其余孔段岩芯较为完整

续表 3-1

序号	孔号	桩号	孔口高程(m)	孔深(m)	钻孔揭露的岩溶地质情况
左下平洞先导孔					
38	L3－1－Ⅰ－2	0＋002.35	470.60	130.35	孔深19～20.6 m、25.6～26.9 m、46.6～47.6 m、50～50.6 m、56～57.6 m、61.0～62.6 m、65～65.6 m、69.6～71.0 m、73～75 m、80.0～80.9 m、99.1～99.8 m有充填的溶洞；其余孔段岩芯较为完整
39	L3－1－Ⅰ－14	0＋26.35	471.51	115.49	孔深60.5～62.1 m、70.6～71.5 m、75～76 m、80～81 m、85.2～86.1 m、88～88.5 m、93～93.8 m有充填的溶洞；其余孔段岩芯较为完整
40	L3－1－Ⅰ－26	0＋050.35	472.42	110.24	孔深77.9～83.5 m、87.9～90.5 m岩芯破碎，105.6～108.6 m有充填的溶洞；其余孔段岩芯较为完整
41	L3－1－Ⅰ－38	0＋074.35	475.1		孔深75.4～87.8 m岩芯破碎；其余岩芯较为完整
42	L3－1－Ⅰ－50	0＋098.35	482.15	112.99	孔深0.8～4.8 m岩芯破碎，4.8～10.8 m黄泥沙，17.8～19.8 m岩芯破碎，32.8～33.0 m、38.0～38.5 m黄泥沙，89.3～90.2 m、91.6～92.8 m岩芯破碎，94.3～94.8 m黄泥沙，99.3～100.1 m、101.6～102.8 m、110.49～111.0 m岩芯破碎；其余岩芯较为完整
43	L3－1－Ⅰ－62	0＋122.35	487.39	112.72	孔深67.5～69.8 m黄泥沙，82.5～83.0 m、91.5～93.0 m、101.5～102.0 m岩芯破碎；其余岩芯较为完整

续表 3-1

序号	孔号	桩号	孔口高程（m）	孔深（m）	钻孔揭露的岩溶地质情况
坝基廊道先导孔					
44	M-1-Ⅰ-33		465	160.62	孔深4.5~4.9 m泥沙,5.8~13.3 m碎石夹泥沙,14.3~28.8 m泥沙夹少许碎石, 28.8~32.5 m碎石,32.5~39.8 m泥沙夹碎石,39.8~50.8 m碎石;50.8~56.8 m碎石夹泥沙,56.8~94.3碎石夹少许泥沙,94.3~98.3 m泥沙层,98.3~102.3 m碎石夹泥沙,102.3~110.8 m碎石,110.8~128.3 m泥沙夹碎石,128.3~133.3 m砂层,133.3~140.8 m泥沙层,140.8~148.13 m碎石,148.13~149.63 m岩芯破碎;其余孔段岩芯较为完整
45	M-1-Ⅰ-45		465	160.62	孔深11~13 m泥层,18~25.5 m泥沙层,25.5~28 m碎石夹黄泥,30~151.5 m黄泥夹碎石;其余孔段岩芯较为完整
46	M-1-Ⅰ-57		466.84	180.32	孔深4.5~5.9 m碎石夹黄泥,10.9~17.64 m岩芯破碎,17.64~18.86 m黄泥沙层,20.9~23.4 m碎石,32.4~35.9 m泥沙层,37.4~39.4 m碎石夹泥沙,40.9~43.4 m泥沙层,44.9~47.4碎石夹泥沙,50.9~53.4 m泥沙层,54.4~55.9岩芯破碎,55.9~57.4 m碎石夹砂,57.4~58.4 m砂层,58.4~60.9 m岩芯破碎,62.4~74.9 m碎石夹砂,77.4~89.9 m碎石夹砂,90.9~92.4 m砂层,92.4~124.9 m破碎岩石夹泥沙,124.9~130.9 m砂层,135.9~138.9 m黄泥沙,145.9~146.9 m岩芯破碎,146.9~148.9 m砂层,168.4~169.9 m岩芯破碎;其余孔段岩芯较为完整
47	M-1-Ⅰ-69		472.82	188.75	孔深5.8~13.3 m岩芯破碎夹泥沙,14.0~74.3 m碎石夹泥沙,75.8~92.3 m碎石,92.3~94.3 m碎石夹黄泥,94.3~98.3 m泥沙层,98.3~102.3 m碎石夹黄泥,102.3~143.13 m碎石泥沙层,143.13~148.13 m碎石;其余孔段岩芯较为完整

桩号0+030~0+100.5 m主要为充填型或半充填型溶洞或溶缝，其中在桩号0+032~0+034 m发育一较大的半充填型溶洞，分二层空腔1.3 m（孔深15.7~16.5 m脱孔0.8 m、孔深17.3~17.8 m脱孔0.5 m），充填物厚2.4 m，充填黏土及黏土夹砂、夹碎石。本段岩溶发育高程一般在490 m以上（孔深60 m以上）。

（3）左中平洞岩溶主要为充填型溶洞或溶蚀裂隙，厚（高）度为0.5~3 m，充填物为黏土及黏土夹碎石、夹砂，高程在488 m以上（孔深30 m以上），最低一个为468 m高程。

（4）左下平洞揭露的主要岩溶类型为充填型溶洞或溶蚀裂隙，主要发育桩号为0+0.00~0+055 m，呈多层状发育（顺层发育），充填物主要为黏土及黏土夹砂，高程在450~363 m（孔深20~110 m）。其余洞段以裂隙或少量溶蚀裂隙为主。

（5）坝基廊道5个先导孔的孔深均大于150 m，钻孔揭露的主要岩溶类型为充填型溶洞，充填物主要为黏土及黏土夹砂、碎石夹砂、砂层等，其主要特征是呈层状分布（最高达16层），已完成的先导孔均有揭露，最低高程为317.94 m。

3.3.2 水文地质试验研究

根据先导孔水文地质试验工作，并重点跟踪了钻孔遇到的溶洞段及原设计帷幕底线段的压水试验，编制了研究区渗透剖面图（见图3-5）。通过统计分析，岩体平均透水率在河床段最大，右岸次之，左岸则最小，具体统计分析如下。

3.3.2.1 左岸岩体透水性分析

统计了左岸（上、中、下三层平洞先导孔）509段压水，平均透水率为5.9 Lu，且以透水率$q<5$ Lu为主。其中：

左岸上层平洞：统计了102段压水，平均透水率为6.49 Lu，透水率$q<5$ Lu有83段，占总段数的81.4%，$q\geq5$ Lu有19段，占总段数的18.6%。

左岸中层平洞：统计了44段压水，平均透水率为5.80 Lu，透水率$q<5$ Lu有36段，占总段数的81.8%；$q\geq5$ Lu有8段，占总段数的18.2%。

左岸下层平洞：统计了363段压水，平均透水率为5.41 Lu，透水率$q<5$ Lu有256段，占总段数的70.5%，$q\geq5$ Lu有107段，占总段数的29.5%；在原设计帷幕底线附近（按底线以下2个试段统计，下同）46段（23孔）的岩体透水率均小于5 Lu。

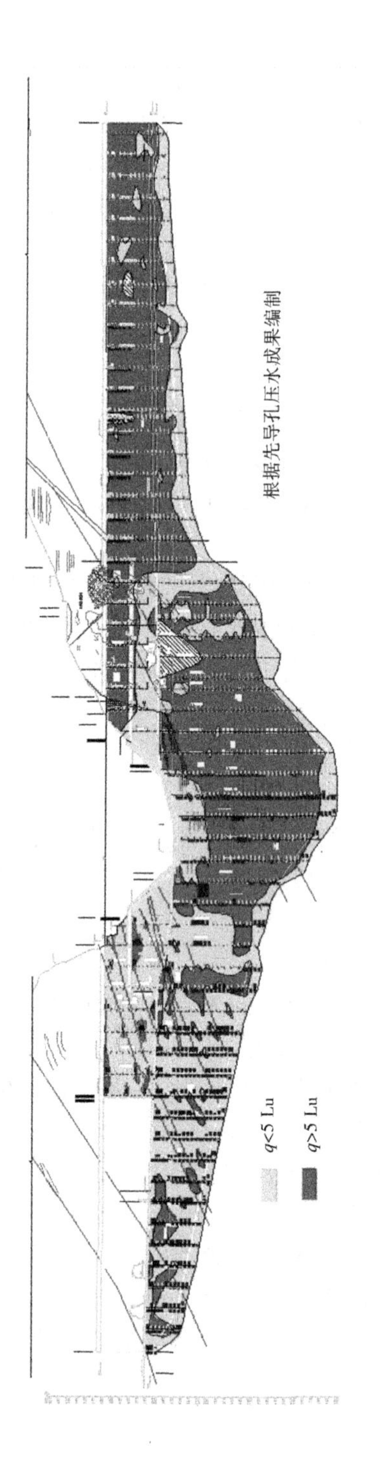

图 3-5　研究区渗透剖面示意图

通过统计分析,左岸岩体透水性有以下特点:

(1)左岸岩体平均透水率具有至上而下减小的趋势。

(2)左岸岩体透水率不能满足设计要求的防渗标准($q<5$ Lu)自上而下有增加的趋势。

(3)原设计防渗帷幕底线附近岩体的透水率均小于设计要求的防渗标准,说明帷幕底线是可靠的,不需要调整。

(4)经综合分析并对比规范(SL 55—2005)中规定后认为:左岸防渗线上的岩体为弱透水岩体。

3.3.2.2 右岸岩体透水性分析

统计了右岸(上、下二层平洞先导孔)705 段压水,平均透水率为 11.9 Lu,且以透水率 $q \geq 5$ Lu 为主。其中:

右岸上层平洞:统计了 433 段压水(有 21 段不起压未统计,有 12 段遇充填型溶洞或掉钻未统计),平均透水率为 9.97 Lu,透水率 $q<5$ Lu 有 86 段,占总段数的 19.9%,$q \geq 5$ Lu 有 347 段,占总段数的 80.1%;涉及帷幕底线验证的有 20 个孔,仅 1 个孔的岩体透水率未满足设计要求(但加深 2 段后达到设计要求)。

右岸下层平洞:统计了 272 段压水(有 21 段不起压未统计),平均透水率为 13.82 Lu,透水率 $q<5$ Lu 有 81 段,占总段数的 29.8%,$q \geq 5$ Lu 有 191 段,占总段数的 70.2%;涉及帷幕底线验证的有 11 个孔,其岩体透水率均满足设计要求。

通过统计分析,左岸岩体透水性有以下特点:

(1)右岸岩体平均透水率具有自上而下增加的趋势明显。

(2)右岸岩体透水率不能满足设计要求的防渗标准($q<5$ Lu)自上而下有减少的趋势。

(3)原设计防渗帷幕底线附近岩体的透水率除个别孔未能满足设计要求,说明帷幕底线基本可靠的,仅需要进行局部调整。

(4)经综合分析并对比规范(SL 55—2005)中规定后认为:右岸防渗线上的岩体为中等透水岩体,但溶洞发育部位为强透水岩体。

3.3.2.3 坝基(河床)岩体透水性分析

统计了 205 段压水,平均透水率为 9.95 Lu,其中透水率 $q<5$ Lu 为 67 段,占总段数的 32.7%,$q \geq 5$ Lu 为 138 段,占总段数的 67.3%。本段总体为中等—强透水岩体。涉及帷幕底线验证的有 8 个孔,其岩体透水率均满足设计要求。

(1)坝基(河床)岩体透水率在孔深70～150 m因发育多层溶洞,其透水率基本上不能满足设计要求。

(2)原设计防渗帷幕底线附近岩体的透水率均小于设计要求的防渗标准,说明帷幕底线是可靠的,不需要调整。

(3)经综合分析并对比规范(SL 55—2005)中规定后认为:坝基(河床)防渗线上的岩体为中等—强透水岩体。

3.4 本章小结

3.4.1 岩溶发育规律

岩溶发育有以下规律:

(1)顺构造方向(走向或倾向)发育,如河床,其溶洞长轴方向与地层倾向及f_4断层倾向基本一致,呈多层状分布。

(2)岩溶发育与地层密切相关,岩性是岩溶发育的基础,如果岩石CaO含量愈高,层厚、连续性好,岩溶发育愈强烈;而不溶物及MgO含量与岩溶发育成反比。防渗线上寒武系地层二叠系地层质纯层厚(特别是毛田组$\in_3 m$),溶蚀作用强烈,岩溶发育,如河床段、右岸的K_5、K_6等溶洞;其他地层岩溶发育程度较弱。

(3)岩溶类型:主要为溶洞或管道(如右岸的K_6、K_5,左岸的Kw_7、Kw_8,河床的多层溶洞等)及强溶蚀区(如右岸),以充填型或半充填型溶洞及溶隙为主,充填物主要为黏土、黏土夹砂、溶塌块石等。

(4)岩溶发育部位:主要发育在河床及右岸桩号0+230 m以前(右下桩号)。

(5)岩溶发育高程。

河床:岩溶一般(主要)发育高程集中在380 m以上,最低发育高达280～290 m,说明河床段深部岩溶发育。

右岸:桩号0+000.0～0+230.0 m,岩溶一般(主要)发育高程集中在450 m以上,其他部位发育主要在500 m高程以上。

左岸:除Kw_7、Kw_8岩溶管道(高程485 m以上)外,仅在其他部位零星发育,高程主要在520 m以上。

(6)岩溶发育具有不均一性。防渗线岩溶发育具有不均一性,在河床及右岸部分地段岩溶发育,而其他部位则多为裂隙或溶蚀裂隙,岩溶不甚发育。

3.4.2 研究区岩体透水特性及防渗帷幕底线验证

3.4.2.1 岩体透水特性

岩体透水率与岩体的裂隙及岩溶发育程度相关,即岩层的透水性越好,其透水率越大,说明岩溶或裂隙越发育,这是岩溶岩体具有的普遍特性,若岩体裂隙及岩溶不发育,其透水性也会减弱,甚至可作为相对隔水层。研究区岩体透水率也具备这些特性。

(1)左岸岩体岩溶发育较弱,其透水率较小,而右岸及河床岩溶发育,甚至极其发育,其透水率较大。

(2)左、右岸自上而下岩体透水率变化趋势相反,即左岩体透水率自上而下有减小的趋势,但右岸正好相反,这与岩溶发育程度相关,符合岩溶岩体的普遍透水性特性。

(3)坝基(河床)段孔深 70 ~ 150 m 岩体透水率较大,主要受发育的多层充填型溶洞及 f_4 断层(带)影响。

(4)岩体可分为两个区,即左岸岩体为弱透水区,右岸岩体及河床为中等—强透水区(溶洞段),其中河床及右岸是防渗处理工程的重点。

3.4.2.2 防渗帷幕底线验证

防渗帷幕结构设计是否合适,除帷幕形式、灌浆孔位布置等参数外,验证帷幕底线的可靠性是关键。本课题主要通过先导孔压水及揭露的岩溶发育情况来验证。

(1)压水试验验证。原设计帷幕底线附近岩体透水率基本上小于 5 Lu,涉及帷幕底线验证的有 62 个孔,仅 1 个孔的岩体透水率未满足设计要求(向下加深 10 m 均满足设计要求),说明设计帷幕底线高程基本是合适的,仅需局部调整。

(2)钻孔揭露验证。左岸岩溶发育高程在 520 m 以上,河床在 380 m 高程以上(最深为 280 ~ 290 m 高程),右岸在 500 m 高程以上,基本均在防渗底线以上,也证实设计帷幕底线高程基本上是合适的,也仅需局部调整(河床段)。

3.4.3 岩溶地质条件对比分析

根据前述复核探查研究,对比前期勘察资料,除地层岩性与地质构造未发生变化外,岩体的平均线岩溶率、溶洞类型与规模、透水率等地质条件发生了较大变化(见表 3-2),对溶洞处理及帷幕灌浆工程会产生影响。

表 3-2　地质条件对比分析

<table>
<tr><th colspan="2">项目</th><th colspan="2">初设报告</th><th>实际揭露</th><th>对比分析</th></tr>
<tr><td colspan="2">岩性与构造</td><td colspan="2">见初设地质报告</td><td>同前期报告</td><td>吻合</td></tr>
<tr><td rowspan="3">平均线岩溶率(%)</td><td>河床</td><td colspan="2">13.36(max16.68)</td><td>28.9(max34.71)</td><td>为“前期”的 2.2 倍</td></tr>
<tr><td>左岸</td><td colspan="2">5.94</td><td>3.7</td><td>减小 37.7%</td></tr>
<tr><td>右岸</td><td colspan="2">11.66</td><td>21.57</td><td>为“前期”的 1.9 倍</td></tr>
<tr><td rowspan="6">岩体透水率(Lu)</td><td rowspan="2">河床</td><td>$q>5$</td><td>占 45.7%</td><td>占 70.7%</td><td rowspan="2">$q>5$ 增加了 25 个百分点</td></tr>
<tr><td>$q<5$</td><td>占 54.3%</td><td>占 29.3%</td></tr>
<tr><td rowspan="2">左岸</td><td>$q>5$</td><td>占 21.9%</td><td>占 27.5%</td><td rowspan="2">基本相吻合</td></tr>
<tr><td>$q<5$</td><td>占 78.1%</td><td>占 72.5%</td></tr>
<tr><td rowspan="2">右岸</td><td>$q>5$</td><td>占 70.7%</td><td>占 82.1%</td><td rowspan="2">$q>5$ 增加了 12.1 个百分点</td></tr>
<tr><td>$q<5$</td><td>占 29.3%</td><td>占 17.9%</td></tr>
<tr><td rowspan="3">溶洞类型与规模</td><td>河床</td><td colspan="2">主要为充填型溶洞，充填物以泥夹砂砾石为主。高度以小于 3 m 为主</td><td>充填物基本相同，但溶洞高度以 2 ~ 10 m 为主，最大为 15 m</td><td>充填物基本无变化，但溶洞高度增加约 2 倍</td></tr>
<tr><td>左岸</td><td colspan="2">以半充填型及充填型溶洞为主，高度小于 3 m</td><td>以半充填型及充填型溶洞为主，高度小于 3 m</td><td>基本无变化</td></tr>
<tr><td>右岸</td><td colspan="2">以半充填型及充填型溶洞为主，高度小于 3 m</td><td>以充填型及半充填型为主，规模巨大，其中 K_5、K_6、K_8、K_9、K_{12} 等大—巨型溶洞，体积超 10 万 m^3</td><td>发生根本性改变</td></tr>
</table>

3.4.3.1　地层岩性

复核探查揭露的岩性与前期勘察报告相同，特别是地图中左岸存在的隔水层位置相对较为准确（如先导孔、左岸平洞开挖证实）。

3.4.3.2　地质构造

前期勘察资料（报告与图件）所述的 F_2、f_4 等主要断层位置相对准确，复核探查过程中也未揭露其他断层。

3.4.3.3 岩溶发育情况

因受限于前期勘测精度、费用、勘测技术条件等因素，研究区复核探查的岩溶发育程度与前期勘察资料有较大的差距。

(1)左岸复核揭露岩溶发育的定量指标与前期勘察报告基本上是相吻合的，岩溶发育相对较弱。

(2)河床部位复核揭露的岩溶发育部位也基本相似，但岩溶发育程度(如线岩溶率)发生了较大变化，复核探查的平均线岩溶率是前期勘察阶段的2倍，高达28.9%，岩溶强烈发育。

(3)右岸复核揭露的岩溶发育部位与前期勘察资料也有较大变化，其平均岩溶直线率达21.57%，是前期勘察阶段的1.9倍，近河床等部位岩溶强烈发育，其他部位岩溶中等发育。

(4)复核探查在右岸揭露了K_5、K_6、K_8等多个大—巨型溶洞，这是前期勘察阶段未能查明的，也是岩溶发育具有特殊性和不均一性的体现。限于复核探查条件，溶洞的空间分布情况还有待下一阶段进一步查明。

3.4.4 补充勘察建议

虽然通过施工开挖、先导孔勘探及水文地质试验等手段查明了岩溶发育的基本情况，但仅限于研究区内的点(钻孔)、线(平洞开挖)，特别是右岸特大型溶洞，仅靠前述复核探查手段难以查明其空间分布特征及充填物性状，而溶洞对防渗工程及右坝肩稳定，为此，通过复核探查研究成果，就重点部位的补充勘察提出以下建议：

(1)由于本区岩溶极其发育且复杂，只有充分查明地层岩溶发育的情况后，才能制订有效且有针对性的处理方案。大规模帷幕灌浆施工前，利用先导孔并配合物探测试(如电磁波CT)工作进一步查明研究区内的岩溶工程地质条件(如断层破碎带与溶洞的位置、规模)是国内目前行之有效且较为经济的方法。因此，建议业主及设计单位利用研究区内先导孔进行电磁波孔间探测(电磁波CT探测)，为节约经费并达到补充勘察目的，电磁波CT探测满足以下条件：①工作参数：定发点距不大于5.0 m，接收点距1.0 m，天线工作频率为8 MHz、16 MHz。②观测方式：采用同步观测与定点观测相结合的原则，应根据波的互换原理，两孔以同样的定发点距、接收点距进行互换观测。

(2)为进一步复核右岸溶洞的发育空间分布情况，为溶洞稳定性计算分析及设计处理方案提供较为可靠的空间分布边界，通过比选，建议业主及设计单位选用电法勘察中的连续电导率成像系统探查(EH4)来复核溶洞发育的边界。EH4 探查可在右岸地表按需要布置若干条件勘探线来控制溶洞边界，具有快速、经济、不影响施工等优点。

（3）由于右岸 K_5、K_8 为半充填型溶洞，若利用溶洞充填物则可减少工程投资、缩短处理施工工期。因此，课题组建议业主及设计单位对溶洞充填物进行适量的补充勘察工作，应包括充填物的结构成分、厚度、物理力学性质及地下水影响等主要内容。

第 4 章　沥青心墙基座设计与处理

随着基坑开挖深度的逐步增加，基坑开挖出现数处溶岩块体，并全面发展为溶岩体系，且被分割成纵横交错的断裂岩体，断裂体间为不贯通的淤积体充填。由于基坑岩体溶蚀强烈，基坑中部溶蚀残留的石芽、石柱林立，与原勘探的地质条件发生了巨大的改变。

开挖至原设计坝基高程后，由于未见完整基岩，经多次专家论证，设计采取了继续下挖的方案。为保证沥青心墙基座稳定，坝轴线上游 50 m 至下游 30 m 心墙基座范围内开挖至相对较为完整的岩体。同时增加了溶沟溶槽采用混凝土回填覆盖的范围，增加了基座的混凝土浇筑厚度。

基坑开挖完成后，累计增加开挖量约 30 万 m^3，超浇混凝土 8.9 万 m^3。

沥青心墙混凝土浇筑如图 4-1 ~ 图 4-4 所示。

图 4-1　沥青心墙混凝土浇筑(一)

图 4-2　沥青心墙混凝土浇筑(二)

图 4-3　沥青心墙混凝土浇筑(三)

图 4-4　沥青心墙混凝土浇筑(四)

第5章　强岩溶发育地层深孔固结灌浆施工技术

5.1　坝基地质条件

隘口水库坝址区属典型的喀斯特地貌。水库两岸有较多的暗河及岩溶大泉汇入，水库范围内主要地层有前寒武系、奥陶系及志留系地层，此外在河谷谷底及两岸还有第四系松散堆积。

该工程地质条件极为复杂，岩溶发育，坝基及两岸固结范围内的地层溶沟、溶槽、溶洞多现，地基直线溶蚀率高达30%～50%，在大坝基坑开挖施工过程中，高程达到设计建基面时所揭示的地质情况为：除砂砾石夹黏土及块石外，分布有大片的强烈溶蚀残留岩体，主要形状为溶蚀石芽、石柱，个体孤立，不连续，溶蚀强烈。造成基岩面凹凸不平，起伏较大，不能作为建基面，又开挖进行了清除，平均开挖深度达10 m。

5.2　大坝固结灌浆设计方案

5.2.1　初步设计阶段

为防止坝基局部塌陷过大，保证坝基具有足够的稳定性，对整个坝基采取加固处理措施。其一，对表面溶洞、溶隙采用追踪扩挖并回填C15混凝土处理，追踪扩挖深度3～5 m。追踪扩挖工程量按岩溶率25%估算。扩挖按1.5倍岩溶体积计算，回填混凝土按2.5倍岩溶体积计。其二，采用固结灌浆处理，固结灌浆孔按3序逐渐加密加深。Ⅰ序孔孔距12 m，深13～36 m，河床坝轴线处深36 m，坝趾坝踵坝肩处13 m；Ⅱ序孔孔距6 m，深13～21 m，河床坝轴线处深21 m，坝趾坝踵及坝肩处深13 m；Ⅲ序孔孔距3 m，深均为13 m。在施工中，当Ⅰ序孔底部出现大于12 m溶洞时，将其邻近的Ⅱ、Ⅲ孔加深至与Ⅰ序孔一致，当Ⅱ序孔底部出现大于8 m溶洞时，将邻近的Ⅲ序孔加深至与Ⅱ序孔一致。

5.2.2 大坝基础固结灌浆(调整)设计方案

5.2.2.1 调整依据

(1)《水工建筑物水泥灌浆施工技术规范》(DL/T 5148—2001)及隘口水库实际工程地质条件;

(2)《重庆市水利局关于秀山县隘口水库大坝坝基处理意见的函》及附件(技术咨询会议专家组意见);

(3)2009 年 10 月 30 日重庆市水利局、水投集团、长兴公司主持的有关隘口水库坝基处理技术研讨会的会议精神;

(4)建管总站对隘口水库的 4 次咨询意见;

(5)重庆市正源水务工程质量检测技术有限责任公司和长江水利委员会质量检测中心关于固结灌浆试验区的声波检查报告;

(6)《隘口水库大坝固结灌浆试验报告》(中国水电十一局)。

5.2.2.2 固结灌浆布置

取消原初步设计的全坝基固结灌浆的方案,修改为仅在 A 区(坝轴线上游 50 m 及坝轴线下游 30 m 范围)进行固结灌浆。设计孔纵、横间距均为 3 m。固结灌浆孔深布置及工程量见表 5-1。

表 5-1 固结灌浆孔深布置及工程量

<table>
<tr><td rowspan="2">项目</td><td colspan="6">各段孔数</td><td rowspan="2">总钻孔个数</td><td rowspan="2">对应序孔总长度(m)</td></tr>
<tr><td colspan="3">边排孔</td><td>左、右岸坡段</td><td>河床段</td><td>调整段</td></tr>
<tr><td>Ⅰ序孔</td><td colspan="3">91</td><td>43</td><td>190</td><td>37</td><td>361</td><td>6 815</td></tr>
<tr><td>Ⅱ序孔</td><td colspan="3">93</td><td>58</td><td>454</td><td>86</td><td>691</td><td>13 110</td></tr>
<tr><td>Ⅲ序孔</td><td colspan="3">36</td><td>37</td><td>228</td><td>39</td><td>340</td><td>6 420</td></tr>
<tr><td>合计</td><td colspan="3">220</td><td>138</td><td>872</td><td>162</td><td></td><td></td></tr>
<tr><td rowspan="2">单孔深度(m)</td><td>河床段</td><td>过渡段</td><td>左、右岸坡段</td><td rowspan="2">10</td><td rowspan="2">20</td><td rowspan="2">15</td><td rowspan="2"></td><td rowspan="2"></td></tr>
<tr><td>30</td><td>20</td><td>15</td></tr>
<tr><td>各段总长度(m)</td><td colspan="3">5 095</td><td>1 380</td><td>17 440</td><td>2 430</td><td></td><td></td></tr>
<tr><td colspan="8">固结灌浆总长度(m)</td><td>26 345</td></tr>
</table>

注:边排孔:全固结灌浆范围区的边排孔,其他各段的孔数未计入边排孔孔数;总钻孔个数为 1 392 个。

5.2.2.3　**固结灌浆方法**

固结灌浆应按先边排孔再中间孔的顺序进行。

固结灌浆采用自上而下、孔内循环法灌浆、孔口卡塞的灌浆方法，一般做单孔灌注。在保证正常供浆的前提下，也可采用并联灌注，但每组并联孔数不宜超过2孔，严禁串联灌注。吸浆量大于30 L/min时可采用纯压力式灌浆。

5.2.2.4　**固结灌浆质量检查合格标准**

(1)经固结灌浆处理后的基础地基承载力不小于2.0 MPa，岩体声波速度≥4 000 m/s，低于3 200 m/s波速点小于2%，岩溶充填物声波速度≥2 200 m/s，低于1 800 m/s波速点小于5%。

(2)压水检查的合格标准为灌后透水率$q \leq 5$ Lu。

5.3　强岩溶发育区深孔固结灌浆关键施工技术

5.3.1　强岩溶发育地层固结灌浆施工工艺的选择

由于隘口水库固结灌浆钻孔大部分采用冲击式或冲击回转式钻机钻进，该钻进方式不适用于“孔口封闭灌浆”施工工艺。在固结灌浆试验区，施工初期采用跟塞自上而下、孔内循环法灌浆，由于本工程坝基岩溶极为发育，固结灌浆试验施工过程中孔段绕塞返浆现象严重，无法进行跟塞自上而下分段灌浆。针对该工程地质条件的复杂性和施工存在的问题，把在基岩中常用的“孔口封闭灌浆”技术原理引用到本项目中，采用“孔口卡塞、自上而下、分段循环灌浆”工艺，很好地解决了在自上而下分段灌浆条件下，跟段压塞困难、绕塞返浆以及不能保证浆液孔底循环等既影响工效又不能保证质量的一系列技术问题。

5.3.2　射浆管材料的选用

经在现场多次摸索和多次试验，总结出了根据不同的孔内情况及不同地层条件下，选用镀锌铁管或塑料软管作为射浆管。具体做法如下：在孔内有大量黄泥、河沙等其他充填物时，射浆管选用6″镀锌铁管代替塑料软管，因6″镀锌铁管硬度大，刚性好，能穿过充填物下到段底进行灌浆，保证了水泥浆液对充填物进行灌注(见图5-1、图5-2)。为了防止6″镀锌铁管灌浆时被铸死后，扫孔困难。待凝后，如能成孔，再下入塑料管进行灌注，直至结束。根据不同地层和现场灌浆的情况，选用不同的射浆管材料，很好地解决了在孔内有溶洞充填物时水泥浆液不能对其进行充填、挤密，减少待凝扫孔后还不能成孔的现象。

图 5-1　下入镀锌铁管的射浆管(一)

图 5-2　下入镀锌铁管的射浆管(二)

5.3.3　强岩溶发育地层固结灌浆快速施工技术

在固结灌浆施工初期，孔内浆液往往待凝 72 h 后仍未凝固，钻孔时，风对浆液有较大扰动，出现了钻孔过程中塌孔、冲击器堵塞等现象，必须经过更长时间的待凝后才能进行钻孔施工，施工进度非常缓慢。经多次工艺试验，采用在限量灌浆结束时注入一定量的水泥水玻璃浆液(见图 5-3)，孔内浆液待凝时间能大大缩短，既可以提前孔壁周边浆液的凝固时间，又可保证注入孔内浆液的质量，更大大提高了成孔率，加快了施工进度。具体做法如下：在待凝前注入的 400 L 浆液中加入适量速凝剂(水玻璃一般为水泥质量的 4% ~7%，孔内浆液待凝时间缩短为 16 ~24 h)，既可以提前孔壁周边浆液的凝固时间，又能保证注入孔内浆液的质量(见图 5-4)。

图 5-3　水泥浆液中掺加水玻璃

图 5-4　待凝后的扫孔情况

5.4 灌浆效果与评价

隘口水库大坝基础固结灌浆自2009年3月开始,到2011年2月施工完成,历时近2年时间。共完成进尺3.2万m,注入水泥5.1万t,平均单耗达1.6 t/m。

以固结灌浆检查孔压水试验和灌后岩体声波速度情况进行固结灌浆质量分析。

(1)固结灌浆共完成36个单元,布置检查孔90个,灌后压水试验透水率为0.04~4.97 Lu,平均透水率为2.19 Lu,共计压水试验364段,合格364段,合格率100%,灌后透水率均满足设计要求。

(2)固结灌浆物探孔共完成17个物探测试,灌前物探测试波速在1 700~6 460 m/s,岩体声波速度差异大。主要分布在1 750~3 000 m/s;经过固结灌浆后,从灌后声波波速来看,测试在灌后灰岩中平均波速高达5 139~5 225 m/s,灌后效果明显,灌后声波波速值满足设计要求。

5.5 本章小结

(1)针对该工程地质条件的复杂性和施工存在的问题,把在基岩中常用的"孔口封闭灌浆"技术原理引用到本项目中,采用"孔口卡塞、自上而下、分段循环灌浆"工艺,很好地解决了在自上而下分段灌浆条件下,跟段压塞困难、绕塞返浆以及不能保证浆液孔底循环等既影响工效又不能保证质量的一系列技术问题。

(2)根据不同地层和现场灌浆的情况,选用不同的射浆管材料,很好地解决了在孔内有溶洞充填物时水泥浆液不能对其进行充填、挤密,减少待凝扫孔后还不能成孔的现象。

(3)经多次工艺试验,采用在限量灌浆结束时注入一定量的水泥水玻璃浆液,孔内浆液待凝时间能大大缩短,既可以缩短孔壁周边浆液的凝固时间,又可保证注入孔内浆液的质量,更大大提高了成孔率,加快了施工进度。

第6章 大型溶洞处理设计与施工技术

研究区内发育有 K_5、K_6、K_8 等规模特大、特征各异的复杂溶洞系统，对其处理的成功与否，关系到防渗工程与整个枢纽工程的成败。

由于右岸溶洞正处于坝肩或近坝肩部位，且为半充填型溶洞，溶洞空腹体积超过5万 m^3，破坏了右岸坝肩岩体的完整性，溶洞顶板可能产生坍塌，其附近围岩及整个右岸坝肩的稳定性得不到保证；在水库运行过程中可能产生较大的位移量，危及大坝安全，同时随着库水位的上升，库水可能会在库内近右坝肩的 Kw_{12} 岩溶管道倒灌并越过溶洞区向右岸下游的 Kw_{51} 渗漏并形成较大的渗漏通道。为了右岸坝肩及防渗帷幕的安全，必须对右岸的特大型溶洞进行彻底处理。右岸 K_5、K_6、K_8 在防渗轴线上呈串珠状发育，之间相隔 30 ~ 50 m，规模特大，且 K_5、K_8 溶洞存在较大的空腔，若清挖平整溶洞堆积物至底层灌浆平洞底板高程（488 m），则会出现高临空面，对溶洞稳定极为不利。在清挖平整施工过程中的爆破以及灌浆平洞的开挖爆破对溶洞的稳定也是十分不利的。K_6 溶洞紧邻大坝，其处理施工过程中的爆破也将影响心墙浇筑及坝体填筑质量。因此，右岸溶洞处理过程中的安全稳定问题尤其突出，是制约溶洞处理的首要问题，必须得到有效解决。

右岸溶洞处理过程中面临的主要问题包括：选用什么方法能快速查明溶洞的空间分布（含充填物性状研究）？采用何种方案才能满足右坝肩稳定和达到防渗目的？哪种处理方案既能保证工程安全又经济合理？采用何种能保障施工安全的施工方案？要解决这些问题，十分有必要开展溶洞处理设计与施工技术研究，研究成果除了具备重要的工程意义外，还可直接为溶洞处理进行指导。

右岸溶洞处理是隘口水库主要的工程地质问题，也是隘口水库工程面临的技术难题之一，溶洞处理设计与施工技术研究将为右岸溶洞处理提供依据。根据现场实际情况，溶洞处理设计与施工技术研究的主要内容包括：①溶洞连续电导率成像（EH4）施工期间的快速探查研究；②溶洞充填物利用研究；③溶洞处理设计与施工技术研究（如设计方案制订，右岸溶洞分期与分区处理施工方案等）。

6.1　溶洞发育特征概述

6.1.1　溶洞发育总体特征

如前研究所述，右岸溶洞发育程度受岩性及厚度、新构造运动、构造、地形地貌、地下水的补排条件、地下水水质特征等因素影响，在质纯层厚的寒武系上统（$\in_3$）灰岩地层中岩溶极其发育，包括 K_5、K_6、K_8、K_9 等多个溶洞系统，并贯穿整个右岸防渗线，并具有以下总体特征：

（1）岩溶顺构造方向（走向或倾向）发育。K_8、K_5 等溶洞的长轴方向与地层倾向及 F_2、f_4 断层倾向基本一致，呈多层状分布。

（2）分布范围广，规模大。坝址区河床段因受 f_4断层影响，发育有 10 层厚 1.5～10 m 带状分布的溶洞或溶蚀带，如 K_5 溶洞体积高达 11.2 万 m^3。

（3）岩溶类型呈现多样化。岩溶形态主要管道、溶蚀大厅及竖（斜）井 3 类；从充填情况看，又包括了全充填、半充填及无充填 3 类；从地下水出露情况看，可分为暗河、渗水及无水 3 类。

6.1.2　典型溶洞系统及工程影响

经前期各勘测阶段及前述的复核探查，查明了隘口水库坝址区发育的多个岩溶系统，其中左岸发育有 Kw_1、Kw_2、Kw_3、Kw_7、Kw_8 等岩溶系统，右岸发育有 K_4、K_5、K_6、K_8、K_9、Kw_{12}、Kw_{51} 等岩溶系统，呈现其为分布广、规模大、类型多样等特征。研究区岩溶系统主要发育在右岸（见图 6-1），包括 K_5、K_6、K_8 等，其发育分布特征分述如下。

6.1.2.1　K_6 溶洞系统

发育在右坝肩并贯穿至坝基以下，最低发育高程为 450 m。溶洞顶部为溶沟、溶槽、溶洞，并夹强烈溶蚀岩体；溶洞中部为空洞，呈宽缝状，宽 1.0～1.5 m，贯穿整个中层灌浆平洞，无充填，洞壁附钙华。溶洞下部则为充填型溶洞，主要充填黏土、溶蚀残留岩体、砂卵砾石等。由于 K_6 溶洞由右坝肩顶到河床、由上游至下游贯穿右坝肩，形成一个分离面，对右坝肩稳定及水库防渗都有较大影响。

6.1.2.2　K_5 溶洞系统

该溶洞沿 f_4 断层带发育，是右岸规模最大的充填型溶洞群系统，总高差达 107.91 m，计算体积为 11.2 万 m^3。该溶洞在高程 487 m 以下充填粉砂质

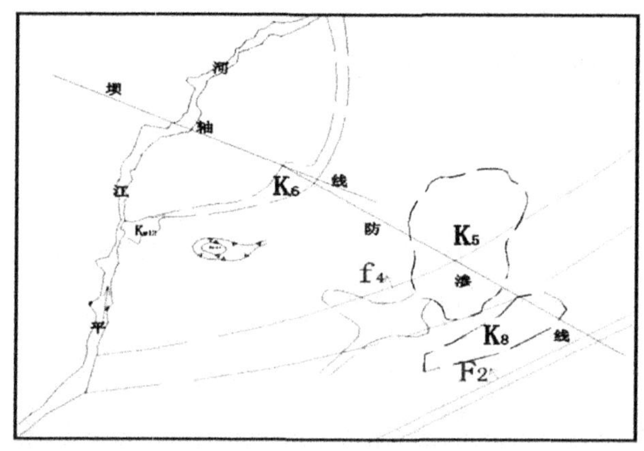

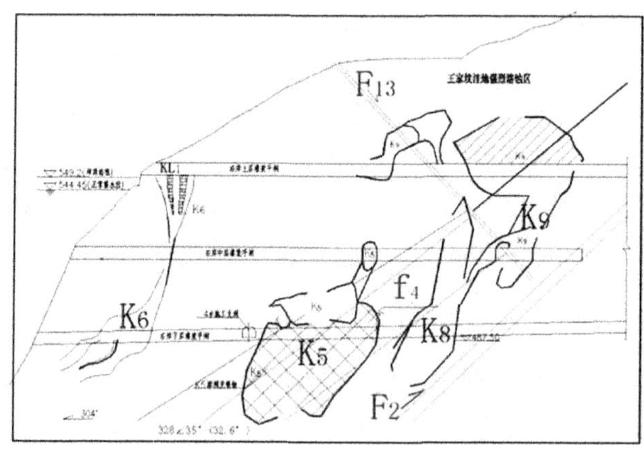

图 6-1 研究区右岸溶洞系统发育分布示意图(平、剖面图)

黏土、砂,夹卵砾石、溶蚀塌陷岩块、碎石等(见图 6-2),厚 23.4 ~ 36.6 m;高程 487 ~ 511 m 为一长 62 m、宽 50 m 的溶蚀大厅,体积约 5.3 万 m^3;高程 511 m 以上则为无充填或少量充填的多个竖(斜)井状管道。由于 K_5 溶洞贯穿右岸防渗线,且上部与地表 K_{27}(坑坨洼地)、王家坟洼地连通,下部则与上游的 Kw_{12} 溶洞连通并向下游 Kw_{51} 溶洞泉排泄,对水库防渗及右岸坝肩及地下洞室稳定有较大影响,施工过程中将会存在严重安全隐患(见图 6-3)。

6.1.2.3 K_8 溶洞系统

该溶洞顺层面及 F_2 断层影响带发育,为半充填型溶洞。高程 470 ~ 494.20 m 为粉土、砂卵砾石及架空状直径达数米的塌陷大块石充填;高程 494.20 ~ 522.5 m 为空腔,最大断面面积为 291 m^2,估算其体积约 1.2 万 m^3;高程 522.5 m 以宽 1.5 ~ 10 m 的管道在防渗轴线上游 5 ~ 40 m 与 K_9 溶洞相

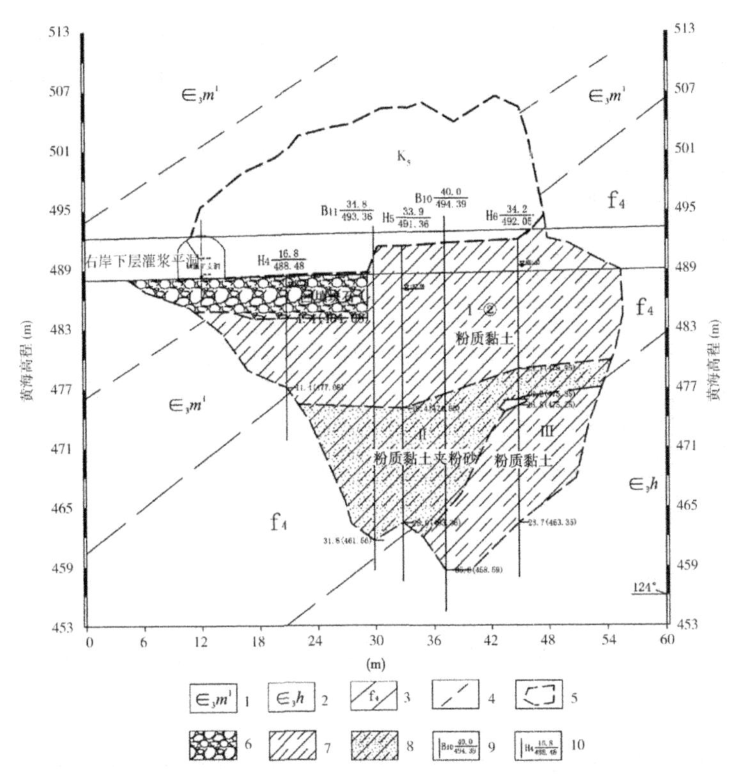

1—寒武系上统毛田组第一段:灰岩、白云岩;2—寒武系上统后坝组:白云岩;3—断层错动带;4—岩层线;5—溶洞轮廓线;6—施工回填块石;7—粉质黏土;8—粉质黏土夹粉砂;9—第一次勘察钻孔;10—第二次勘察钻孔

图 6-2　右岸 K_5 溶洞横向剖面图

(a)K_5 溶洞清理前

(b)K_5 溶洞清理后

图 6-3　右岸 K_5 溶洞

连。有长流地下水，流量0.1 ~0.5 L/s，并经由 K_5 溶洞排出。K_8 溶洞既影响坝肩防渗，也影响坝肩变形稳定。溶洞中的充填物稳定性差，在施工过程中也存在安全隐患（见图6-4）。

(a)K_8 溶洞清理前

(b)K_8 溶洞清理后

图6-4　右岸 K_8 溶洞

6.2　连续电导率成像（EH4）溶洞边界探查研究

6.2.1　连续电导率成像（EH4）原理及工作方法

6.2.1.1　连续电导率剖面成像（EH4）基本原理

根据电磁学理论可知，地层中的视电阻率由下式求取：

$$\rho = \frac{1}{5f}\left|\frac{E_x}{H_y}\right|^2 \tag{6-1}$$

而探查趋肤深度可由下列公式给出：

$$\delta = \sqrt{\frac{2}{\omega\mu\sigma}} \approx 500\sqrt{\frac{\rho}{f}} \tag{6-2}$$

式中　ρ——地层的视电阻率；

f——可控电磁频率；

E_x——电场分量；

H_y——磁场分量；

δ——探查趋肤深度。

EH4 连续电导率成像系统探查基本原理就是基于以上基本理论的基础上，通过人工建立可控电磁场系统，改变电磁频率，在一定距离的远场区观测

E_x、H_y 或 E_y、H_x 的变化，绘制测区内视电阻率等值线图，根据测区内视电阻率的变化情况，以达到探测地下目的体的一种探查方法，其探查深度可达 500 m。

6.2.1.2　现场工作方法

EH4 连续电导率成像探查野外装置包括场源和测站。在外业工作中，首先在远离测线 300～500 m（测线中心的垂直方向上）布设场源，发射人工电磁场，然后通过采集布设在地面上相隔一定距离、两个正交的电磁场信息，即在测线上以一定的点距测量 E_x、H_y 或 E_y、H_x 两参数。本次工作点距为 2 m，发射电磁场频率在 800～64 000 Hz，采用接收人工电磁场和天然电磁场相结合，控制探测深度在 300 m 范围内。

本次探查所用仪器为美国 Gemotric 公司和 EMI 公司联合生产的 EH4 双源电磁系统（见图 6-5）。

(a)EH4 主机系统

(b) 系统前置放大器

(c) 布设磁棒

(d) 人工发射场源布设

图 6-5　EH4 设备及现场工作布置

6.2.1.3　地球物理特性及地质意义

1. 地球物理特性

地球物理探测的前提条件是要求被探测体与围岩有较大的物性差异，这些物性差异常表现为岩石的电阻率、介电常数、弹性波速等差异。本次地球物理探测的主要目的是查明隘口水库右岸防渗帷幕附近溶洞群分布情况，采用的物性参数为岩体的视电阻率。通过试验，得出本工区的视电阻率物性参数见表6-1，从表6-1中可见，灰岩、白云岩与溶洞、强溶蚀间存在明显的视电阻率差异，因此具备了使用EH4探测的地球物理前提条件。

表6-1 测区视电阻率参数

目标类别	视电阻率值(Ω·m)
溶洞、强溶蚀破碎带	0～800
灰岩、白云岩	1 200～2 500
覆盖层	10～1 200

2. 地质意义

EH4探测得出的结果为二维视电阻率数值图像，根据每一像元视电阻率数值大小进行着色，便于人的视觉观看。视电阻率数值有正常值(背景值)、异常值。视电阻率数值表示一条剖面上一定深度内岩层的视电阻率值；背景值表示一张图像中无异常的区域(完整岩体)视电阻率数值；异常值是指图像上某处高于或低于背景值的异常视电阻率数值，异常值的大小与岩性、溶洞及其充填物、断层构造等地质异常有关。

6.2.2 EH4测线布置原则

EH4测试应以能查明右岸溶洞边界为基本原则。根据前述复核探查成果初步分析，K_5溶洞在平面上的分布范围最大，在帷幕轴线上、下游的总宽度约50 m。因此，EH4应在平行于帷幕轴线上、下游各50 m范围内布置不少于5条纵测线，间距不大于25 m，长度应超过右岸下层平洞揭露的K_8溶洞桩号；垂直帷幕轴线方向应布置横向沿线，测线长度约100 m，间距也不大于25 m。具体布置情况如下(见图6-6)：

按业主及设计要求，EH4在右岸上层灌浆平洞以上附近地表区域按网格状布设横、纵测线，以右岸防渗帷幕轴线为中心纵测线(起点桩号：上灌浆右0～45.00 m；结束桩号：上灌浆右0+305.00 m)，测线长350 m，并在该测线上下游方向以25 m等间距各布设2条长350 m的平行纵测线，纵测线总长为1 750 m；同时垂直中心纵测线以25 m等间距布设15条长100 m横测线，横测线总长为1 500 m。EH4溶洞复核探查累计测线总长为3 250 m，工作点距2 m，折合测点数共计1 625点。

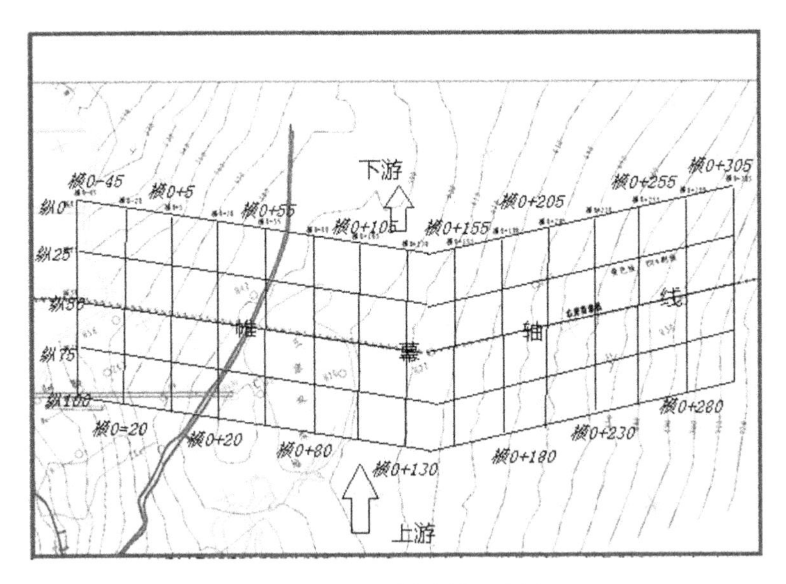

图6-6　EH4 测线布置示意图

6.2.3　EH4 复核探查成果分析

6.2.3.1　纵向(平行轴线)剖面成果及分析

1. 溶洞在防渗轴线上游的发育特点

为了解右岸溶洞在防渗线上游的发育分布情况，在防渗轴线上游侧共布置2条勘测剖面，探测剖面间距为25 m，其探测剖面成果见图6-7。

通过综合分析，溶洞在轴线上游侧发育有以下特点：

(1)右岸溶洞在上游侧存在多个低“视电阻率”在10～800 Ω·m的区域，分析判断为K_4、K_5、K_6、K_8、K_9等溶洞。

(2)K_5、K_8溶洞。在防渗轴线上游侧25～50 m范围存在K_8溶洞向K_5溶洞过渡的现象，也就是说，K_8溶洞尾部与K_5溶洞“合二为一”，其中K_5溶洞最低发育高程为460 m，K_8溶洞最低发育高程为486 m。

(3)K_9、K_4溶洞。在靠近防渗轴线呈现相连，远离防渗轴线则表现为个体发育且规模变小的特点，其中K_9溶洞与地表王家坟洼地关联密切，最低发育高程为524～550 m，K_4溶洞最低发育高程为520～527 m。

(4)K_6溶洞。该溶洞在防渗轴线上游侧贯穿右坝肩发育且规模相对较大，因探测布置原因(大坝施工)未能探测到该溶洞的底部发育情况。

(5)K_{12}溶洞。在距防渗轴线25 m外未呈现低视阻率区，说明该溶洞规模相对较小且仅靠近轴线附近发育。

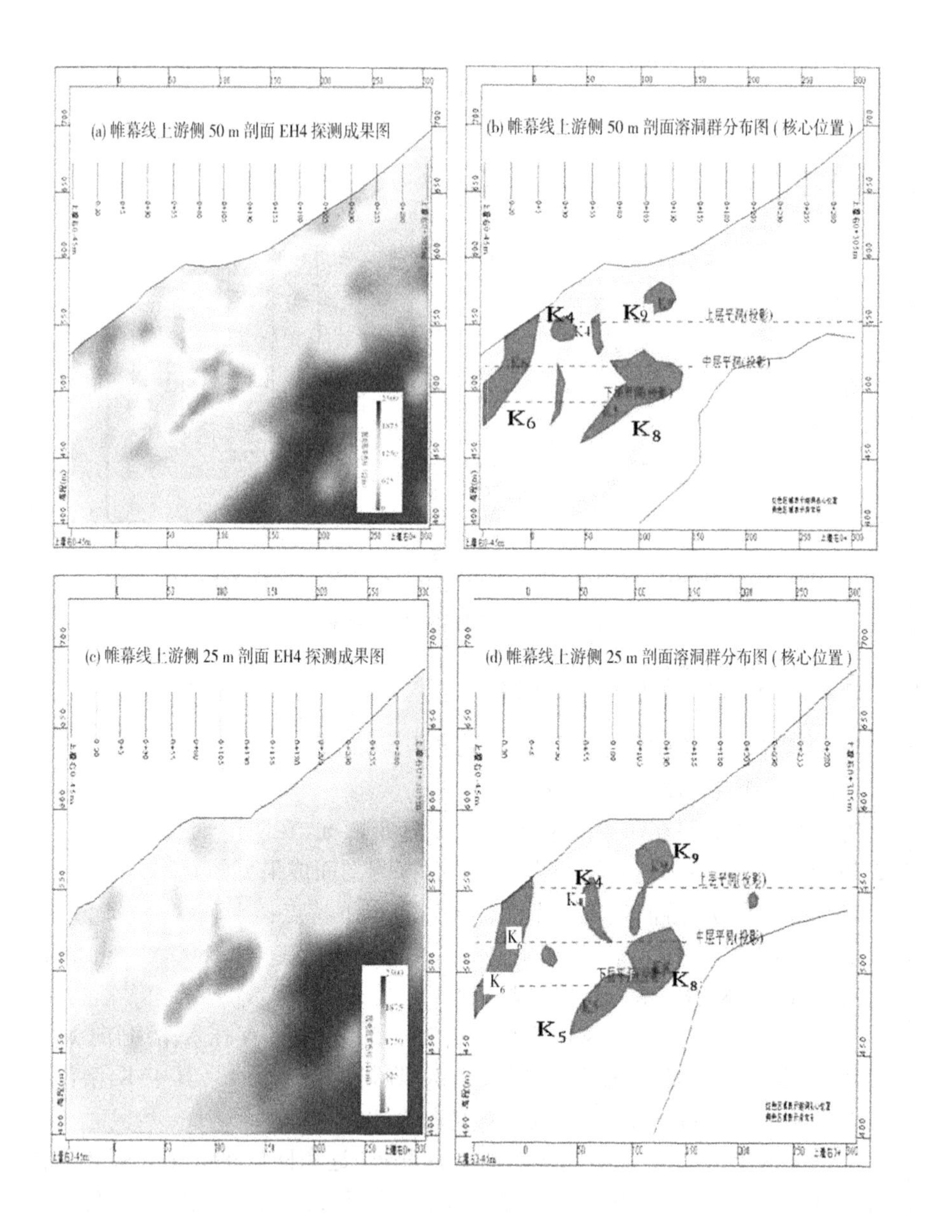

图 6-7　防渗轴线上游侧 EH4 剖面成果

2. 溶洞在防渗轴线的发育特点

防渗轴线 EH4 探测成果见图 6-8。通过综合分析,溶洞在轴线上发育有以下特点:

(1) K_5、K_8溶洞。两溶洞在防渗轴线上呈现较大的低视电阻率区域,并在右下平洞呈“点”接触，说明两个溶洞在防渗轴线上发育既有关联又相对独立。其中 K_8 溶洞最低发育高程为482 m，K_5 溶洞最低发育高程为451 m。

（2）K_6溶洞。该溶洞在防渗轴线上同样是贯穿右坝肩发育，但规模稍小于上游侧，并呈现“上下大中间小”（中层平洞较小）的特点。

（3）K_4溶洞。该溶洞在防渗轴线的呈“线形”发育明显（顺岩层发育）且规模相对较小，最低发育高程为530 m。

（4）K_9溶洞。该溶洞在防渗轴线发育规模较大且同样与地表王家坟洼地关联密切，其下部在右中平洞附近有向与 K_8 溶洞发育的趋势，其最低发育高程为524～550 m。

（5）K_{12}溶洞。该溶洞在防渗轴线上的发育规模相对较小，仅在右上平洞底发育。

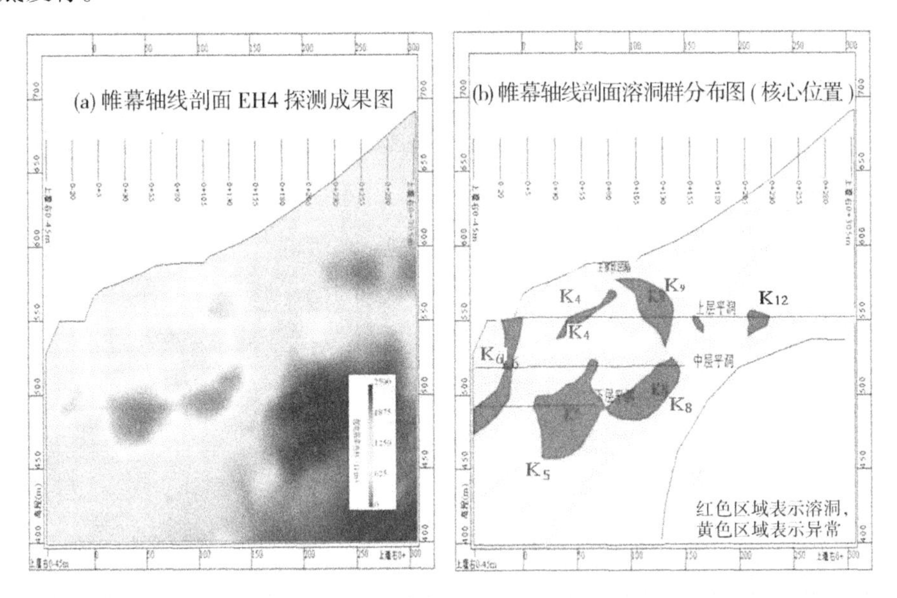

图6-8　防渗轴线 EH4 剖面成果

3. 溶洞在防渗轴线下游的发育特点

为了解右岸溶洞在防渗线下游的发育分布情况，在防渗轴线下游侧共布置2条勘测剖面，探测剖面间距为25 m，其探测剖面成果见图6-9。

通过综合分析，溶洞在轴线下游侧发育有以下特点：

（1）K_5溶洞。该溶洞在防渗轴线下游侧50 m范围内仍呈现较大的低视电阻率区域，说明该溶洞规模巨大，最低发育高程为460 m。

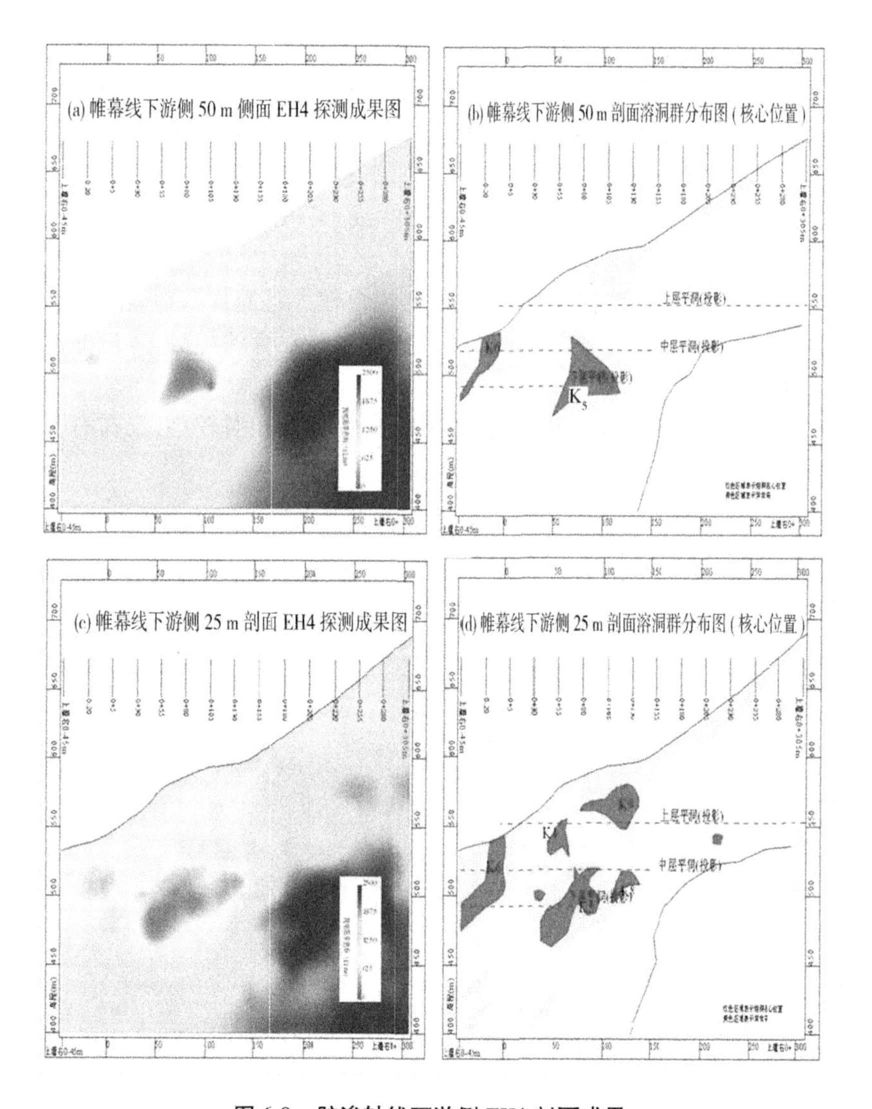

图 6-9　防渗轴线下游侧 EH4 剖面成果

(2) K_6溶洞。该溶洞在防渗轴线下游侧同样是贯穿右坝肩发育的，呈现离防渗轴线越远其发育规模越小的趋势。

(3) K_4溶洞。该溶洞在距防渗轴线下游 25 m 仍有发育，但 50 m 后不发育，呈现离防渗轴线越远其发育规模越小直至尖灭的特点，其最低发育高程为 527 m。

(4) K_8溶洞。该溶洞在距防渗轴线下游 25 m 仍有发育，但发育规模大幅缩小,25 m 后则逐渐尖灭,其最低发育高程 494 m。

(5)K_9溶洞。该溶洞在防渗轴线下游侧 25 m 附近仍有发育且规模较大,同样与地表王家坟洼地关联密切,25 m 后逐渐消失,其最低发育高程为 545 m。

(6)K_{12}溶洞。该溶洞在防渗轴线下游侧未见发育。

6.2.3.2 纵向(垂直轴线)剖面成果及分析

为查明右岸溶洞在垂直轴线方向的发育分布情况,在桩号上灌右 0 - 45.00 m 至 0 + 305.00 m 之间按 25 m 间距布置了 15 条横测线(测线长为 100 m)。为说明右岸 K_5、K_6、K_8三个相近发育的主要溶洞在垂直防渗轴线方向的发育边界,课题组选取上灌右 0 - 45 m、0 + 30 m、0 + 105 m 等 3 条典型横剖面进行分析解释(横剖面桩号的 0 点为横剖面线与防渗轴线下游的纵 0 剖面线交点)。

1. 0 - 45 m 与 0 + 30 m 横剖面

该两个典型横剖面 EH4 成果及解释见图 6-10。从解释剖面可知:

(1)0 - 45 m 横剖面。在横桩号 35 ~ 60 m 段,高程 475 ~ 545 m 存在视电阻率为 10 ~ 800 Ω · m 的低阻异常区,结合现场地形地质条件及前期复核成果分析,该异常区为 K_6 溶洞;在溶洞边缘外侧和近地表,视电阻率为 500 ~ 1 000 Ω · m,电阻率值介于完整岩石和溶洞之间,综合分析判断为溶蚀带。

(2)横 0 + 30 m 剖面。在横桩号 25 ~ 67 m 段,高程 456 ~ 524 m 存在视电阻率为 10 ~ 800 Ω · m 的低阻异常区,综合分析判定该异常区为 K_5 溶洞;在横桩号 42 ~ 63 m,高程 535 ~ 559 m 存在视电阻率为 10 ~ 800 Ω · m 的低阻异常区,综合分析判定该异常区为 K_4 溶洞;在溶洞边缘外侧附近,视电阻率为 500 ~ 1 000 Ω · m,电阻率值介于完整岩石和溶洞之间,综合分析判断该异常区为溶蚀带。

2. 0 + 105m 横剖面

该典型横剖面的 EH4 成果及解释见图 6-11。由该剖面成果及解释图可知:

(1)在横桩号 25 ~ 80 m,高程 480 ~ 522 m 区域视电阻率为 10 ~ 800 Ω · m,综合分析认为该异常区为 K_8 溶洞。

(2)在横桩号 45 ~ 56 m,高程 548 ~ 579 m 区域视电阻率为 10 ~ 800 Ω · m,综合分析认为该异常区为 K_9 溶洞。

(3)在溶洞边缘外侧附近,视电阻率为 500 ~ 1 000 Ω · m,电阻率值介于完整岩石和溶洞之间,综合分析认为该异常区为溶蚀带。

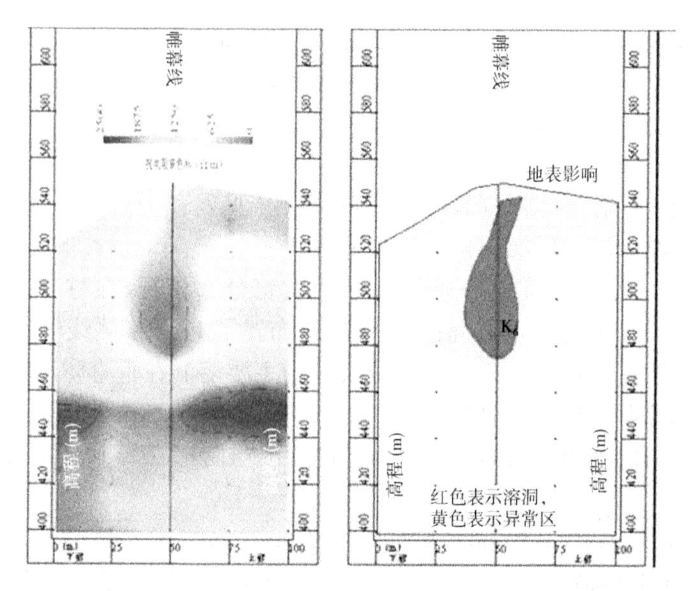

(a)0–45 m 剖面

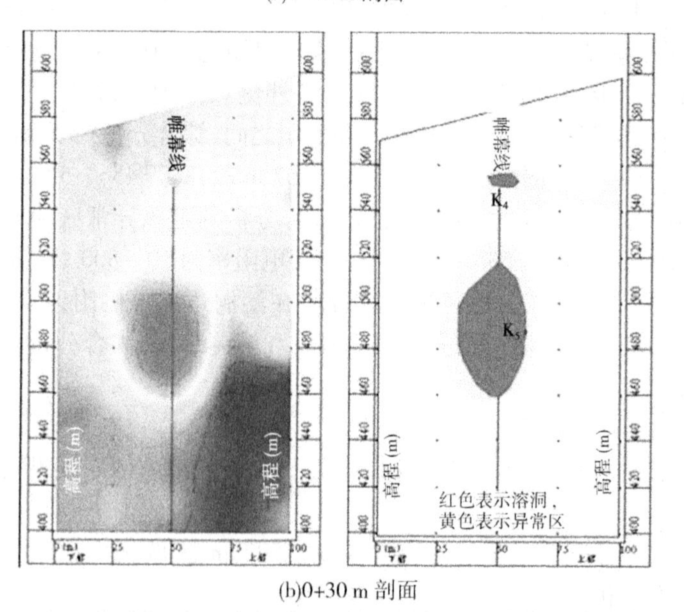

(b)0+30 m 剖面

图 6-10　上灌右 0 – 45 m 及 0 + 30 m 横剖面成果及解释

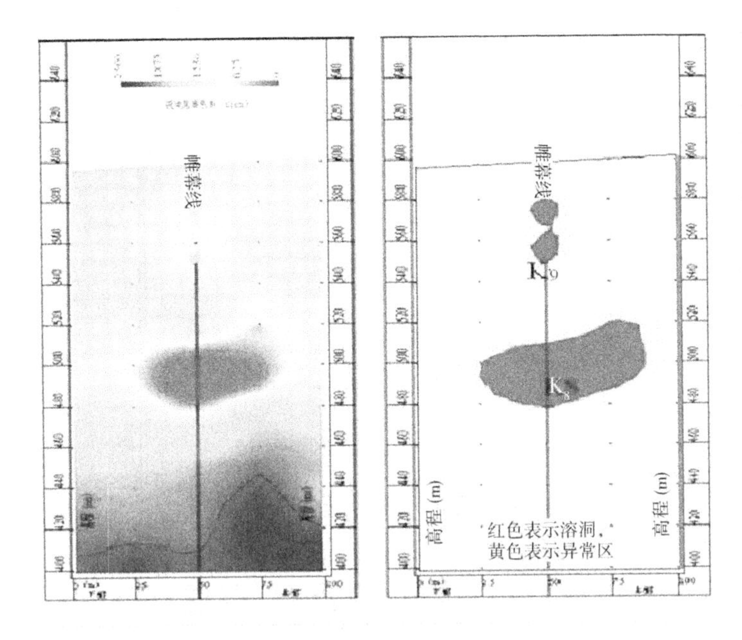

图 6-11　0 + 105 m 横剖面成果及解释

3. 其他横测线剖面分析说明

其他横剖面成果见图 6-12,其中:

(1)0 − 20 m 横测线剖面特征与 0 − 45 m 横测线剖面特征相似,发现有 K_6 溶洞。

(2)0 + 5 m 横测线剖面未发现规模溶洞,局部异常为地表影响或为溶蚀裂隙。

(3)0 + 55 m 剖面与 0 + 30 m 剖面特征相似,发现有 K_4、K_5 溶洞;0 + 80 m 剖面和 0 + 130 m 剖面与 0 + 105 m 剖面特征相似,发现有 K_8、K_9 溶洞。

(4)0 + 205 m 剖面和 0 + 230 m 剖面发现局部小溶洞异常。

(5)0 + 255 m 剖面、0 + 280 m 剖面和 0 + 305 m 剖面未发现规模溶洞,剖面视电阻率异常为近地表覆盖层影响所致。

6.2.3.3　不同高程(水平切面)成果及分析

为提供右岸溶洞在不同高程的发育分布情况,利用根据 EH4 纵、横剖面探查所取得的测点数据,在 440 ~ 540 m 高程(右上平洞底板以下 5 mm)按 10 m 高差(440 m 高程以下为 20 m 高差)生成了 EH4 水平切面图(与地质平切图相似)并进行地质判断(见图 6-13)。各高程 EH4 水平切面分析解释如下:

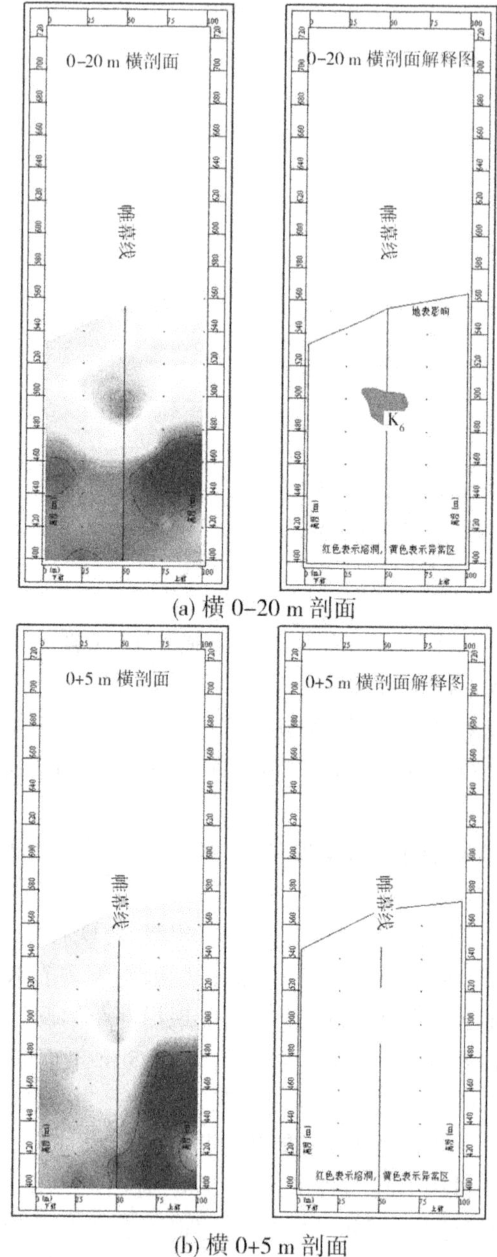

(a) 横 0-20 m 剖面

(b) 横 0+5 m 剖面

图 6-12　其他横剖面成果

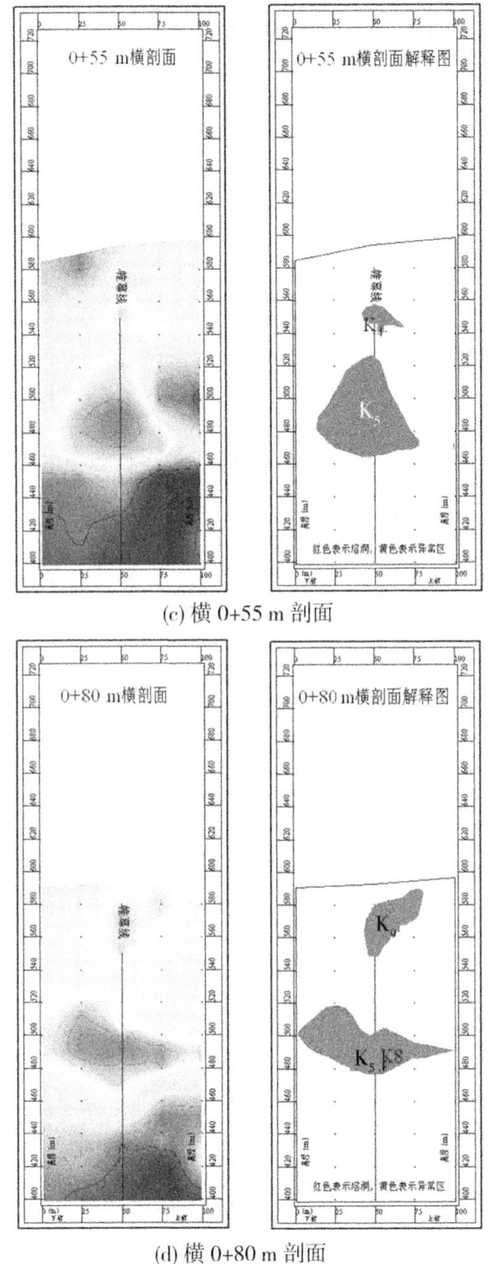

(c) 横 0+55 m 剖面

(d) 横 0+80 m 剖面

续图 6-12

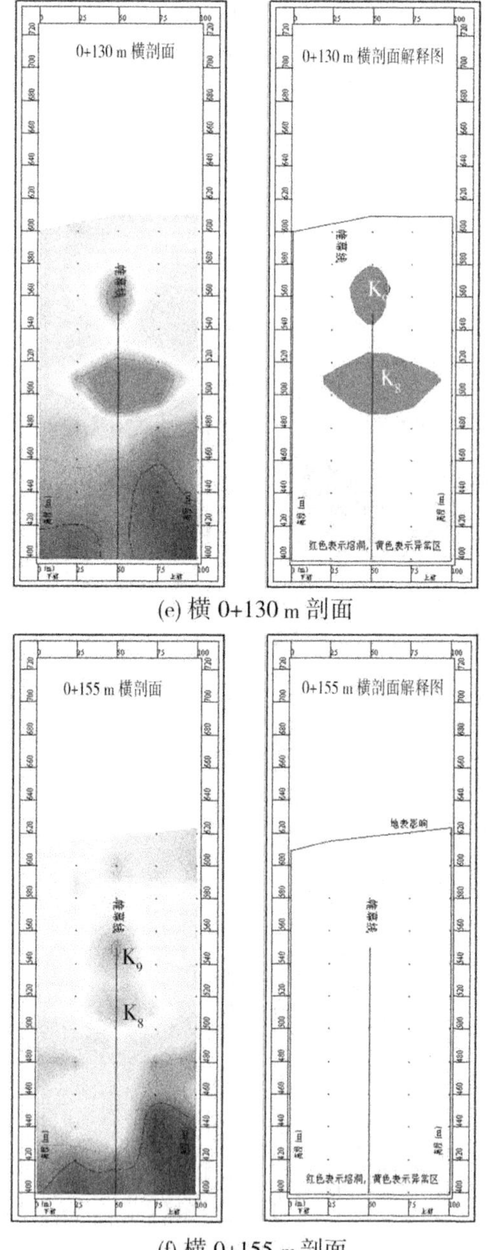

(e) 横 0+130 m 剖面

(f) 横 0+155 m 剖面

续图 6-12

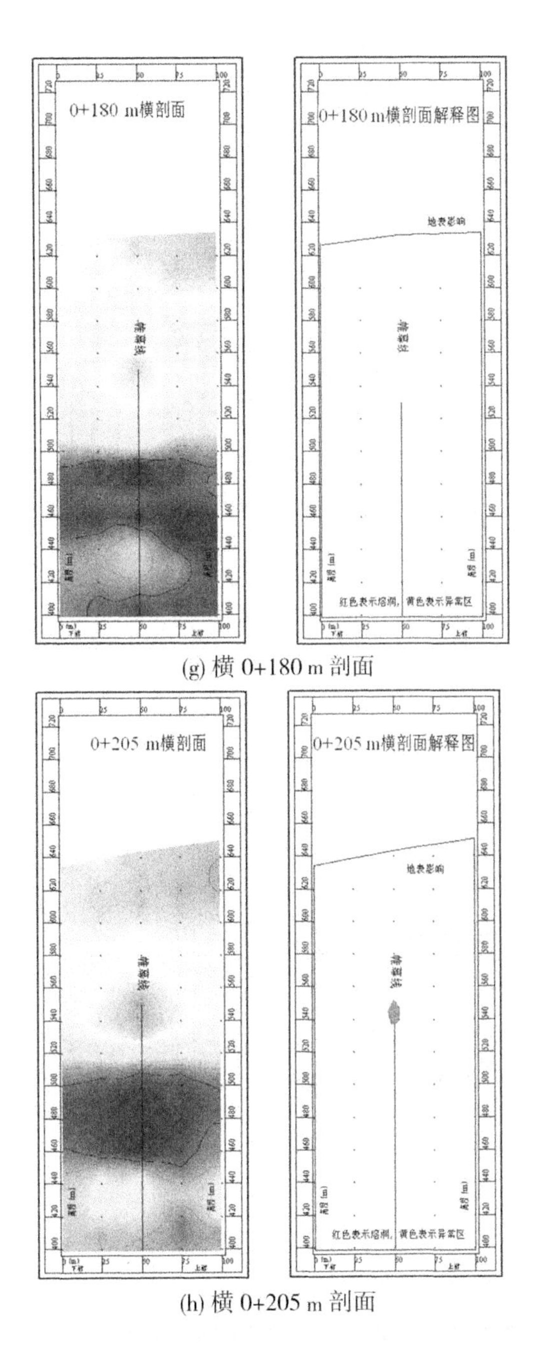

(g) 横 0+180 m 剖面

(h) 横 0+205 m 剖面

续图 6-12

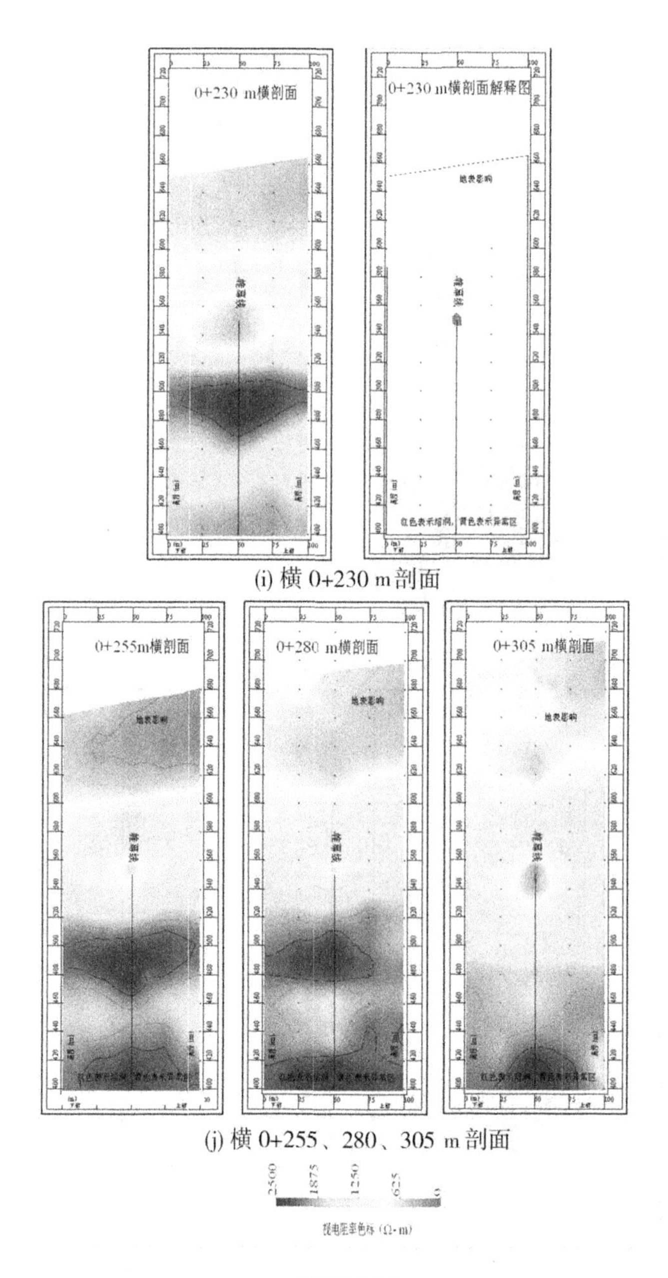

(i) 横 0+230 m 剖面

(j) 横 0+255、280、305 m 剖面

续图 6-12

(1)450 m 高程以下,成果图见图 6-13 的(a)、(b)、(c)。在 400 ~ 440 m 高程,整个区域的视电阻率大致以“上灌右桩号”(以下简称桩号)0 + 55 为

界，往山内视电阻率区间值为1 500 ~2 500 Ω· m，与完整灰岩（白云岩）的电阻率值接近，说明岩体岩溶发育微弱；往山外（河床方向视电阻率区间值为800 ~1 500 Ω· m），主要为轻微溶蚀区，但在近河床部位（桩号0－20）有一视电阻率区间值为400 ~900 Ω· m的区域，综合分析判定为K_6溶洞或溶洞影响区；在高程440 m、桩号0＋55 m近防渗轴线，有一视电阻率区间值为400 ~900 Ω· m的区域（较小），综合分析判定为K_5溶洞底部。

（2）450 m高程，成果图见图6-13（d），整个水平切面内视电阻率区间值为10 ~2 500 Ω· m，其中：①桩号上灌右0＋155 ~0＋305 m区域，视电阻率为1 500 ~2 500 Ω· m，接近完整灰岩（白云岩）的电阻率值，说明岩体完整；②在桩号0＋22 ~0＋30 m、横桩号46 ~51 m及桩号0＋64 ~0＋69 m、横桩号46 ~51 m这两个区域为分低阻异常区（视电阻率为10 ~800 Ω· m），综合分析研判为K_5溶洞底缘，而在溶洞边缘外侧附近，视电阻率为500 ~1 000 Ω· m，为溶洞影响区域，岩体完整性较差或较破碎，溶蚀裂隙发育。

（3）460 m高程，成果图见图6-13（e），整个水平切面内视电阻率区间值为10 ~2 500 Ω· m，其中：①在桩号上灌右0＋157 ~0＋305 m区域，视电阻率为1 500 ~2 500 Ω· m，说明岩体较为完整；②在桩号0－45 ~0－39 m及横桩号30 ~60 m的区域，为低阻异常区（视电阻率为10 ~800 Ω· m），综合分析研判为K_6溶洞；③在桩号0＋7 ~0＋85 m，横桩号0 ~23 m及横桩号27 ~66 m的区域，分视电阻率为10 ~800 Ω· m的低阻异常区，溶洞或强溶蚀破碎特征明显，综合分析研判为K_5溶洞，其出露面积比450 m高程大；④在K_5、K_6溶洞边缘，视电阻率为500 ~1 000 Ω· m，说明推测岩体完整性较差或较破碎，溶蚀裂隙发育。

（4）470 m高程，成果图见图6-13（f），整个水平切面内视电阻率区间值为10 ~2 500 Ω· m，其中：①在桩号0＋158 ~0＋305 m区域，视电阻率为1 500 ~2 500 Ω· m，接近完整灰岩（白云岩）的电阻率值，说明该区域岩体完整；②在桩号0－45 ~0－30 m及横桩号10 ~85 m存在视电阻率为10 ~800 Ω· m的低阻异常区，符合溶洞及强溶蚀破碎特征，综合分析研判为K_6溶洞，结合现场地形地质分析，判定此异常为K_6溶洞；③在桩号0＋10 ~0＋85 m、横桩号0 ~100 m的区域存在视电阻率为10 ~800 Ω· m的低阻异常区，符合溶洞及强溶蚀破碎特征，综合分析研判为K_5溶洞，出露面积继续增大；④在桩号0－24 ~0－17 m、横桩号25 ~68 m及桩号0＋101 ~0＋127 m、横桩号45 ~51 m分别存在视电阻率为10 ~800 Ω· m的低阻异常区，符合溶洞及强溶蚀破碎特征，综合分析研判为K_8溶洞底部；⑤在溶洞边缘附近，视电阻率为 500 ~1 000 Ω · m,电阻率值介于完整岩石和溶洞之间,为溶洞影响区,岩体完整性较差,溶蚀裂隙发育。

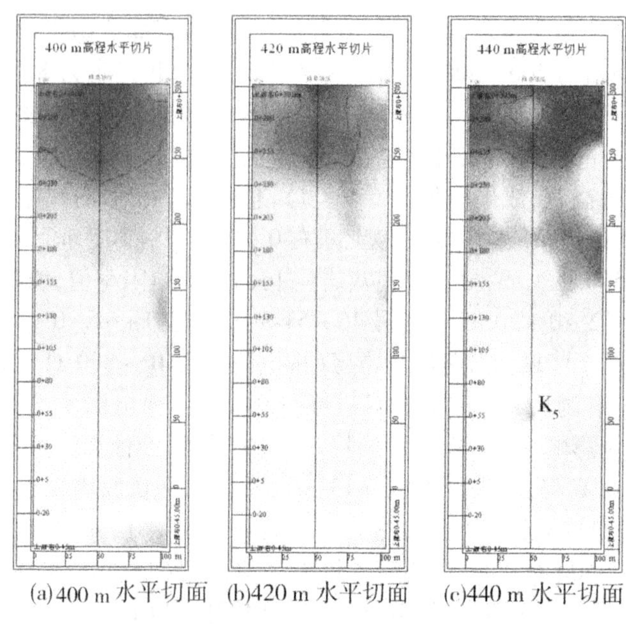

(a)400 m 水平切面　(b)420 m 水平切面　(c)440 m 水平切面

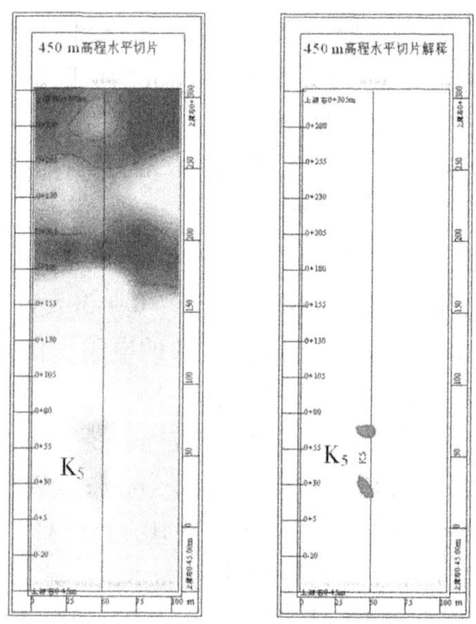

(d)450 m 高程水平切面及地质解释

图 6-13　EH4 水平切面成果及解释图

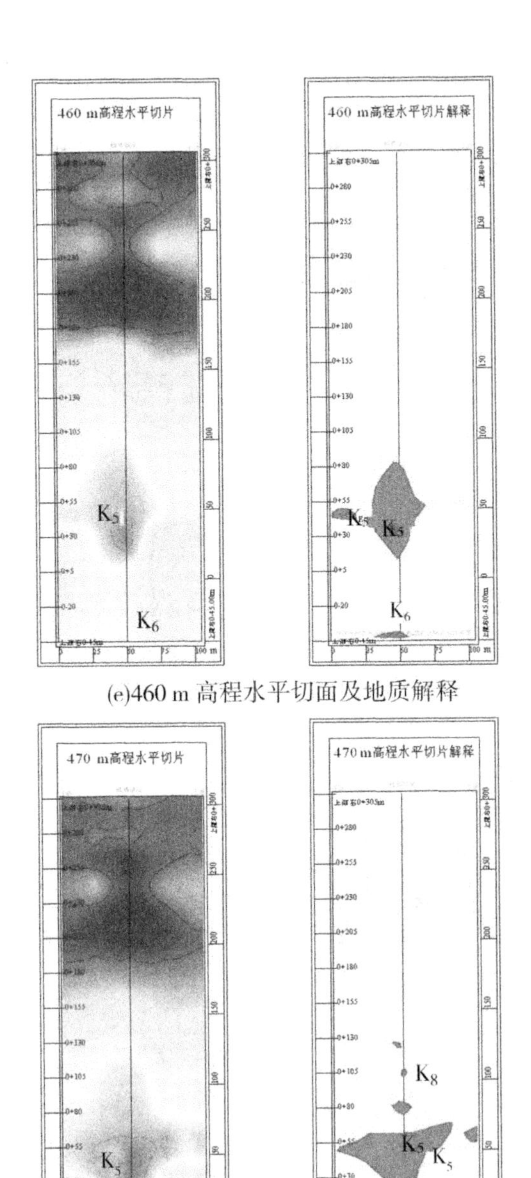

(e)460 m 高程水平切面及地质解释

(f)470 m 高程水平切面及地质解释

续图 6-13

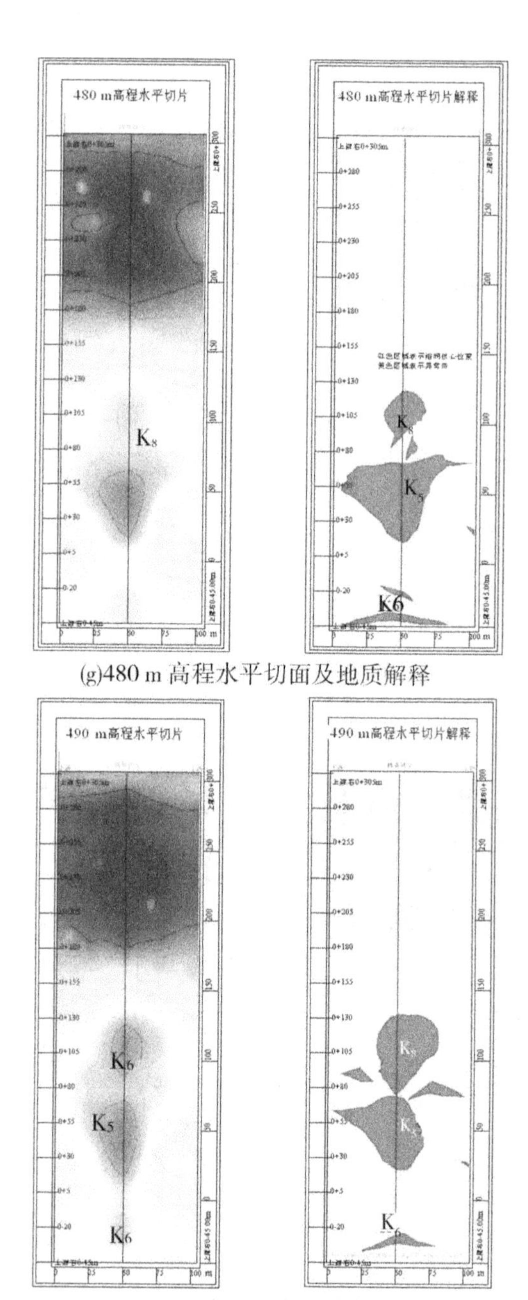

(g)480 m 高程水平切面及地质解释

(h)490 m 高程水平切面及地质解释

续图 6-13

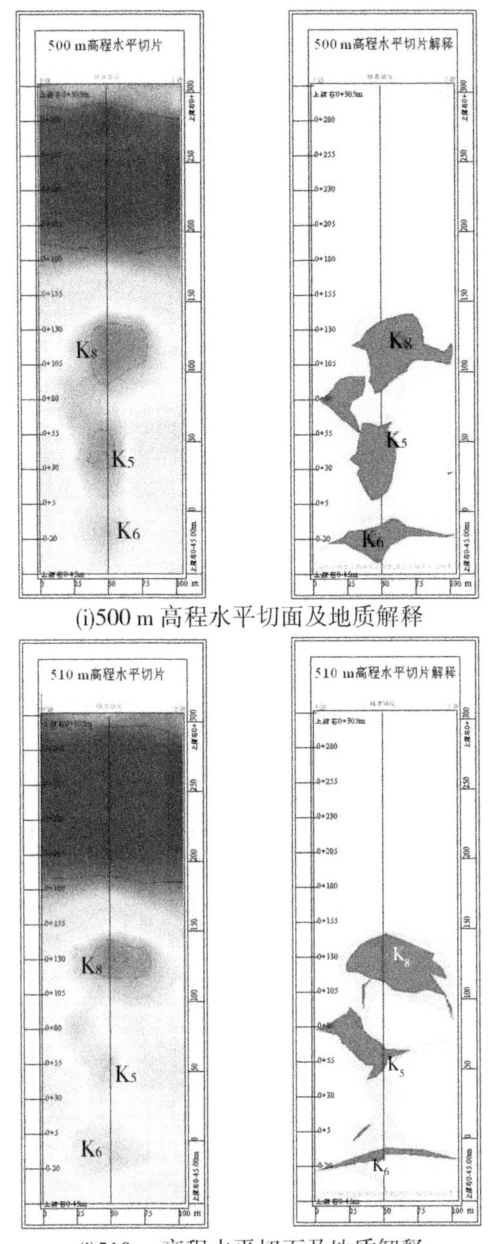

(i)500 m 高程水平切面及地质解释

(j)510 m 高程水平切面及地质解释

续图 6-13

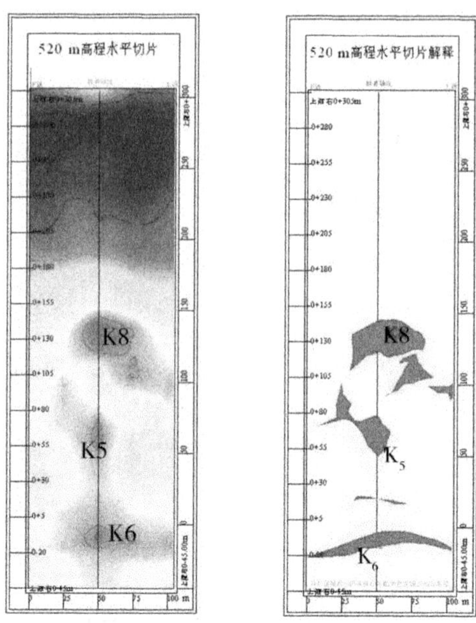

(k)520 m 高程水平切面及地质解释

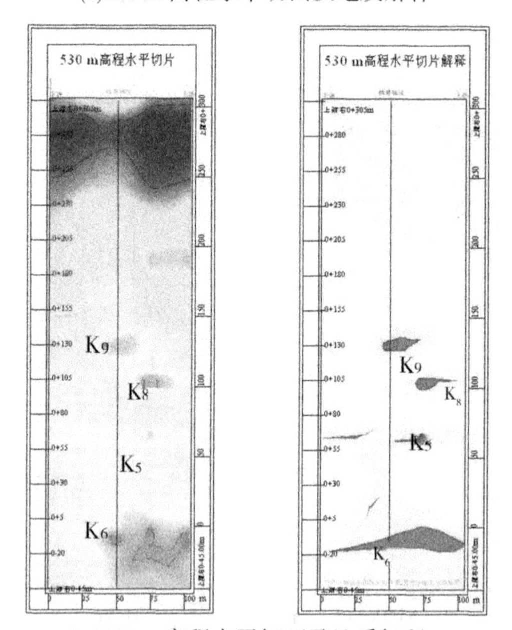

(m)530 m 高程水平切面及地质解释

续图 6-13

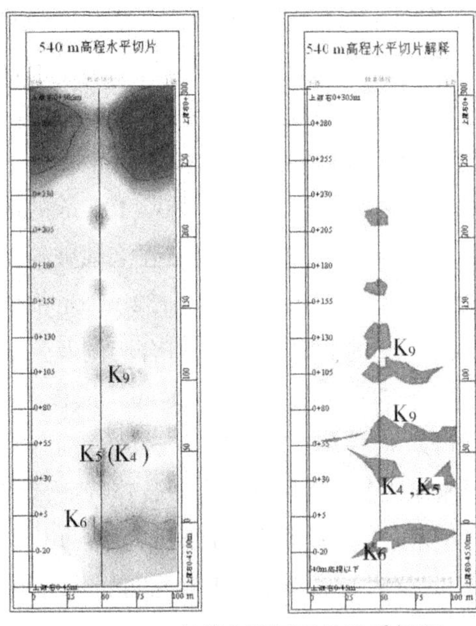

(n)540 m 高程水平切面及地质解释

续图 6-13

(5)480 m 高程，成果图见图 6-13(g)，整个水平切面内视电阻率区间值为 10 ~ 2 500 Ω · m，其中：①在桩号 0 + 159 ~ 0 + 305 m 的区域，视电阻率为 1 500 ~ 2 500 Ω · m，接近完整灰岩(白云岩)的电阻率值，说明该区域岩体完整；②在桩号 0 − 45 ~ 0 − 30 m 与横桩号 10 ~ 85 m 存在视电阻率为 10 ~ 800 Ω · m 的低阻异常区，符合溶洞及强溶蚀破碎特征，综合分析研判为 K_6 溶洞；③在桩号 0 + 14 ~ 0 + 89 m 与横桩号 0 ~ 100 m 存在视电阻率为 10 ~ 800 Ω · m的低阻异常区，符合溶洞及强溶蚀破碎特征，综合分析研判为 K_5 溶洞系统；④在桩号 0 + 75 ~ 0 + 135 m 段及横桩号 38 ~ 69 m 的区域，存在视电阻率为 10 ~ 800 Ω · m的低阻异常区，符合溶洞及强溶蚀破碎特征，综合分析研判为 K_5 溶洞系统；⑤在桩号 0 − 24 ~ 0 − 17 m、横桩号 44 ~ 55 m 和桩号 0 + 32 ~ 0 + 39 m段、横桩号 97 ~ 100 m 存在视电阻率为 10 ~ 800 Ω · m 的低阻异常区，符合溶洞及强溶蚀破碎特征，综合分析研判为右岸溶洞群支角或局部小溶洞；⑥在溶洞边缘附近，视电阻率为 500 ~ 1 000 Ω · m，电阻率值介于完整岩石和溶洞之间，说明岩体完整性较差，溶蚀裂隙发育。

(6)490 m 高程，成果图见图 6-13(h)，整个水平切面内视电阻率区间值为10～2 500 Ω· m，其中：①在桩号0+165～0+305 m区域，视电阻率为1 500～2 500 Ω· m，接近完整灰岩（白云岩）的电阻率值，说明该区域岩体完整；②在桩号0-35～0-20 m与横桩号25～80 m存在视电阻率为10～800 Ω· m的低阻异常区，符合溶洞及强溶蚀破碎特征，综合分析研判为K_6溶洞系统；③在桩号0+20～0+86 m段与横桩号0～100 m的区域，存在视电阻率为10～800 Ω· m的低阻异常区，符合溶洞及强溶蚀破碎特征，综合分析研判为K_5溶洞系统；④在桩号上灌右0+75～0+132 m段，横桩号33～81 m存在视电阻率为10～800 Ω· m的低阻异常区，符合溶洞及强溶蚀破碎特征，综合分析研判为K_8溶洞系统；⑤在桩号0+83～0+95 m、横桩号7～34 m区域和桩号0+25～0+28 m段、横桩号95～100 m区域分别存在视电阻率为10～800 Ω· m的低阻异常区，符合溶洞及强溶蚀破碎特征，综合分析研判为右岸溶洞群支角或局部小溶洞；⑥在溶洞边缘附近，视电阻率为500～1 000 Ω· m，电阻率值介于完整岩石和溶洞之间，说明岩体完整性较差，溶蚀裂隙发育。

（7）500 m高程，成果图见图6-13（i），整个水平切面内视电阻率区间值为10～2 500 Ω· m，其中：①在桩号0+167～0+305 m区域，视电阻率为1 500～2 500 Ω· m，接近完整灰岩（白云岩）的电阻率值，说明该区域岩体完整；②在桩号0-35～0-9 m、横桩号10～95 m存在视电阻率为10～800 Ω· m的低阻异常区，符合溶洞及强溶蚀破碎特征，综合分析研判为K_6溶洞；③桩号0+7～0+96 m段、横桩号0～62 m存在视电阻率为10～800 Ω· m的低阻异常区，符合溶洞及强溶蚀破碎特征，综合分析研判为K_5溶洞系统；④在桩号0+83～0+140 m段、横桩号28～100 m存在视电阻率为10～800 Ω· m的低阻异常区，符合溶洞及强溶蚀破碎特征，综合分析研判为K_8溶洞系统；⑤桩号0+25～0+29 m、横桩号97～100 m存在视电阻率为10～800 Ω· m的低阻异常区，符合溶洞及强溶蚀破碎特征，综合分析研判为右岸溶洞群支角或局部小溶洞；⑥在溶洞边缘外侧附近，视电阻率为500～1 000 Ω· m，电阻率值介于完整岩石和溶洞之间，说明岩体完整性较差或较破碎，溶蚀裂隙发育。

（8）510 m高程，成果图见图6-13（j），整个水平切面内视电阻率区间值为10～2 500 Ω· m，其中：①上灌右0+170～0+305 m区域视电阻率为1 500～2 500 Ω· m，接近完整灰岩（白云岩）的电阻率值，说明该区域岩体完整;②桩号 0 - 22 ~ 0 - 8 m 段、横桩号0 ~ 100 m存在视电阻率为 10 ~ 800 Ω · m的低阻异常区,符合溶洞及强溶蚀破碎特征,综合分析研判为 K_6 溶洞;③桩号 0 + 42 ~ 0 + 94 m 段、横桩号 0 ~ 60 m 存在视电阻率为 10 ~ 800 Ω · m 的低阻异常区,符合溶洞及强溶蚀破碎特征,综合分析研判为 K_5 溶洞系统;④桩号 0 + 85 ~ 0 + 143 m 段、横桩号 23 ~ 96 m 存在视电阻率为 10 ~ 800 Ω · m 的低阻异常区,符合溶洞及强溶蚀破碎特征,综合分析研判为 K_8 溶洞系统;⑤桩号 0 - 3 ~ 0 + 10 m 段、横桩号 27 ~ 41 m 存在视电阻率为 10 ~ 800 Ω · m 的低阻异常区,符合溶洞及强溶蚀破碎特征,综合分析研判为右岸溶洞群支角或局部小溶洞;⑥在溶洞边缘外侧附近,视电阻率为 500 ~ 1 000 Ω · m,电阻率值介于完整岩石和溶洞之间,说明岩体完整性较差或较破碎,溶蚀裂隙发育。

(9)520 m 高程,成果图见图 6-13(k),整个水平切面内视电阻率区间值为 10 ~ 2 500 Ω · m,其中:①桩号 0 + 172 ~ 0 + 305 m 区域视电阻率为 1 500 ~ 2 500 Ω · m,接近完整灰岩(白云岩)的电阻率值,说明该区域岩体完整;②桩号 0 - 23 ~ 0 - 4 m 段、横桩号 0 ~ 100 m 存在视电阻率为 10 ~ 800 Ω · m的低阻异常区,符合溶洞及强溶蚀破碎特征,综合分析研判为 K_6 溶洞;③桩号 0 + 50 ~ 0 + 100 m 段、横桩号 5 ~ 61 m 存在视电阻率为 10 ~ 800 Ω · m的低阻异常区,符合溶洞及强溶蚀破碎特征,综合分析研判为 K_5 溶洞系统;④桩号 0 + 93 ~ 0 + 145 m 段、横桩号 30 ~ 100 m 存在视电阻率为 10 ~ 800 Ω · m 的低阻异常区,符合溶洞及强溶蚀破碎特征,综合分析研判为 K_8 溶洞系统;⑤桩号 0 + 14 ~ 0 + 22 m 段、横桩号 31 ~ 72 m 存在视电阻率为 10 ~ 800 Ω · m 的低阻异常区,符合溶洞及强溶蚀破碎特征,综合分析研判为右岸溶洞群支角或局部小溶洞;⑥在溶洞边缘外侧附近,视电阻率为 500 ~ 1 000 Ω · m,电阻率值介于完整岩石和溶洞之间,说明岩体完整性较差或较破碎,溶蚀裂隙发育。

(10)530 m 高程,成果图见图 6-13(m),整个水平切面内视电阻率区间值为 10 ~ 2 500 Ω · m,其中:①桩号 0 + 230 ~ 0 + 305 m 区域,视电阻率为 1 500 ~ 2 500 Ω · m,接近完整灰岩(白云岩)的电阻率值,说明该区域岩体完整;②桩号 0 - 15 ~ 0 - 2 m 段、横桩号 0 ~ 100 m 存在视电阻率为 10 ~ 800 Ω · m的低阻异常区,符合溶洞及强溶蚀破碎特征,综合分析研判为 K_6 溶洞;③桩号 0 + 58 ~ 0 + 68 m 段、横桩号 0 ~ 60 m 存在视电阻率为 10 ~ 800 Ω · m

的低阻异常区，符合溶洞及强溶蚀破碎特征，综合分析研判为 K_5 溶洞系统；④桩号 0 +97 ~0 +136 m 段、横桩号 44 ~96 m 存在视电阻率为 10 ~800 Ω · m 的低阻异常区，符合溶洞及强溶蚀破碎特征，综合分析研判为 K_9 溶洞系统；⑤桩号 0 +5 ~0 +21 m 段、横桩号 32 ~44 m 和桩号 0 +62 ~0 +70 m、横桩号 1 ~38 m分别存在视电阻率为 10 ~800 Ω · m 的低阻异常区，符合溶洞及强溶蚀破碎特征，综合分析研判为右岸溶洞群支角或局部小溶洞；⑥在溶洞边缘外侧附近，视电阻率为 500 ~1 000 Ω · m，电阻率值介于完整岩石和溶洞之间，说明岩体完整性较差或较破碎，溶蚀裂隙发育。

(11)540 m 高程，成果图见图 6-13(n)，整个水平切面内视电阻率区间值为 10 ~2 500 Ω · m，其中：①桩号 0 +240 ~0 +305 m 区域视电阻率为 1 500 ~2 500 Ω · m，接近完整灰岩(白云岩)的电阻率值，说明该区域岩体完整；②桩号 0 -23 ~0 -1 m 段、横桩号 26 ~100 m 存在视电阻率为 10 ~800 Ω · m的低阻异常区，符合溶洞及强溶蚀破碎特征，综合分析研判为 K_6 溶洞；③桩号 0 +25 ~0 +47 m 段、横桩号 75 ~100 m 存在视电阻率为 10 ~800 Ω · m的低阻异常区，符合溶洞及强溶蚀破碎特征，综合分析研判为 K_5 溶洞系统；④桩号 0 +25 ~0 +52 m 段、横桩号 25 ~68 m 存在视电阻率为 10 ~800 Ω · m 的低阻异常区，符合溶洞及强溶蚀破碎特征，综合分析研判为 K_4 溶洞系统；⑤桩号 0 +53 ~0 +140 m 段、横桩号 37 ~100 m 存在视电阻率为 10 ~800 Ω · m 的低阻异常区，符合溶洞及强溶蚀破碎特征，综合分析研判为 K_9 溶洞系统；⑥桩号 0 +159 ~0 +172 m 段、横桩号 42 ~55 m 和桩号上灌右 0 +208 ~0 +221 m，横桩号 42 ~55 m 分别存在视电阻率为 10 ~800 Ω · m 的低阻异常区，符合溶洞及强溶蚀破碎特征，综合分析研判为右岸溶洞群支角或局部小溶洞；⑦在溶洞边缘附近，视电阻率为 500 ~1 000 Ω · m，电阻率值介于完整岩石和溶洞之间，说明岩体完整性较差或较破碎，溶蚀裂隙发育。

(12)540 m 高程以上，也生成了 550 m、560 m、580 m、600 m、620 m 等高程的水平切面成果图。其中 550 m 及 560 m 高水平切面成果与 540 m 高程相似，揭示的溶洞系统向地面发育趋势明显；580 m 高程以上的局部低阻异常区则主要为王家坟坳陷、地表覆盖层影响所致。

6.2.4 探查成果小结

6.2.4.1 探查成果对比分析

右岸溶蚀强烈发育，溶洞管道分布复杂，通过 EH4 溶洞边界探查成果与前期勘察资料及本课题的岩溶复核探查研究成果对比分析，认为 EH4 探查成果能满足溶洞处理设计（含计算分析）。

由于岩溶复核探查研究（如前述）的范围有限，即仅限于防渗轴线上的点（先导孔钻孔）线（灌浆平洞开挖）及有限的溶洞调查，因此其研究成果（包括前期地质报告）与 EH4 探查的溶洞边界存在以下误差（见表 6-2）：

（1）K_4 溶洞的边界一致，但 EH4 探查显示 K_4 靠近 K_9 溶洞发育。

（2）K_5 溶洞边界在防渗轴线上的空间边界分布基本一致，但 EH4 探查显示的 K_5 溶洞整体边界与岩溶复核探查研究成果揭示的边界有一定程度的扩大，并与邻近发育的 K_8 溶洞在 488 m 高程以下交汇（合二为一）。

（3）K_6 溶洞的空间分布边界基本一致。

（4）K_8 溶洞在岩溶复核研究揭示的边界为推测边界，EH4 探查基本查明了 K_8 溶洞的空间分布。

（5）K_9 溶洞在 EH4 探查剖面图上显示有向 K_4 溶洞发育的趋势，且与其下的高 K_8、K_9 存在一定联系。

表 6-2 右岸溶洞发育边界（防渗轴线剖面）对比分析 （单位：m）

溶洞编号	前期勘察及复核研究提供的边界范围		EH4 复核探查边界	
	帷幕方向	高程	帷幕方向	高程
K_4 溶洞	上灌右 0+28～0+56	538～550	上灌右 0+27～0+91	536～570
K_5 溶洞	上灌右 0+17～0+69	454～522	上灌右 0+8～0+78	445～525
K_6 溶洞	上灌右 0-45～0-1	468～550	上灌右 0-45～0+2	468～551
K_8 溶洞	前期勘察无此溶洞，复核勘察为推测		上灌右 0+78～0+145	482～525
K_9 溶洞	上灌右 0+99～0+148	505～574	上灌右 0+85～0+143	530～578

6.2.4.2 本节小结

（1）右岸溶洞分布边界范围：高程主要集中在 450 m 以上，王家坟坳陷（高程 595 m）以下；帷幕轴线方向从右岸边坡延伸至上灌右 0+230 m 之间；

垂直帷幕方向从上游探测区外的坑坨溶洞区域斜穿帷幕至下游 4#施工支洞洞口附近。

(2)右岸的 K_4、K_5、K_6、K_8、K_9 等溶洞之间存在局部连通。

(3)右岸溶洞群 K_4、K_5、K_6、K_8、K_9 等溶洞特征体现为半充填型溶洞,充填物与空腔大致分界高程在 485 m 左右(稍高于河床高程 480 m)。

(4)由于右岸溶蚀强烈发育,溶洞群规模大,对右岸坝肩及防渗有较大的工程影响。因此,建议在溶洞处理设计时应充分考虑不利因素,开展相关计算分析,以确保处理设计方案可靠且安全;施工期间应制订有针对性的施工方案,并注意施工安全。

6.3 溶洞处理设计方案研究

6.3.1 溶洞处理设计的原则

6.3.1.1 一般原则

溶洞处理主要有"堵(填)"与"截"两种方法,"堵(填)"就是指封堵溶洞,是为了防止溶洞或管道渗漏在其适当部位(如进口部位等)设置堵体(填筑体),将溶洞或管道封堵(或回填)起来,根据工程需要,可部分封堵或全部封堵;"截"就是指在溶洞内部岩体完整且比较狭窄处设置的截水墙,或设置防渗墙(有充填物的溶洞)。"堵(填)"与"截"的处理设计一般原则主要包括以下几条:

(1)在堵(填)洞或截水(防渗)墙设置处,要求基岩较完整、稳定,周围无大的分支岩溶通道,堵(填)洞或设立截水(防渗)墙后,防渗漏效果明显。

(2)堵(填)体应立足"就地取材",如用块石、碎石等级配料,也可以采用混凝土或钢筋混凝土;截水墙可采用浆砌块石或混凝土,防渗墙则以用混凝土为主。

(3)堵(填)体或截水(防渗)墙的厚度,应以"在库水压力下不会产生破坏"为标准。

(4)为确保处理效果,宜在处理部位进行接触灌浆,灌浆孔深度以达到较为完整的岩体为宜。

6.3.1.2 右岸溶洞处理的原则

右岸溶洞的处理应将坝肩稳定治理与水库防渗相结合,清除溶洞内的充填物,采用"自下而上"分期分区及多种方法综合处理,以"有效处理"(在达到效果的前提下兼顾经济)为原则,达到防渗漏为目的对溶洞进行封堵。

右岸溶洞处理的基本原则如下：

(1)查明右岸溶洞的发育分布空间及充填物物理力学性质是前提。

(2)溶洞的处理应结合大坝防渗线考虑,处理范围为坝顶高程以下。

(3)满足渗透稳定、结构安全要求。

(4)工程措施参照类似工程成功经验,施工方便,效果明显。

6.3.2 溶洞处理设计方案研究

6.3.2.1 设计方案研究过程

右岸溶洞发育规模巨大且复杂,设计工作贯穿整个溶洞处理过程,按时间经历了初期设计、方案比较、详细(调整)设计四个研究阶段。

(1)初期设计研究阶段,即溶洞揭露初期。在进行右岸溶洞初步复核(如前所述的开挖、钻孔及溶洞调查)的基础上,初步拟订了以“清挖回填”(即清除溶洞充填物后回填混凝土)为主的施工方案。课题组在本阶段主要参与了溶洞初步复核探查工作(成果如前)。

(2)方案比较研究阶段。由于初期设计方案是在溶洞边界没有查明的情况下提出的,存在技术、经济及安全问题,因而初期设计方案未能实施,需要重新进行方案设计。本阶段的重点工作是通过方案比较后确定最终处理方案,并进行整体方案设计。课题组在本阶段与设计及咨询单位大力配合,提出了多种处理方案(建议),如 K_5 溶洞充填物与空腔的“高喷+钢管桩+防渗墙”方案等。

(3)详细(调整)设计研究阶段。本阶段设计在整体方案设计的基础上,针对 K_5、K_6、K_8 等溶洞进行详细的个性化处理设计。课题组在本阶段全过程参与,在溶洞处理施工布置、溶洞与基岩接合方式(特别是与溶洞顶板接合方式)等细节设计方面提供了设计建议。设计调整主要是指溶洞处理施工过程中发现问题后及时调整设计。虽然右岸溶洞发育的基本情况已查明,但施工过程中仍然会出现一些在上个设计阶段未能考虑到的技术问题,需要在施工过程中不断完善并进行有针对性的调整设计,如 K_6 溶洞受施工场地等因素影响多次调整设计。

6.3.2.2 设计方案比较分析

1.基础设计资料分析

1)K_5 溶洞补充勘察成果

(1)充填物物理力学性质及建议值。

室内试验成果统计见表6-3,现场标贯试验成果见表6-4。物理力学建议指标见表6-5。

表 6-3　K_5 溶洞充填黏土物理力学性质试验成果统计

土名	试验编号	天然含水量(%)	天然密度(g/cm^3)	土粒比重	天然孔隙比	液限(%)	塑限(%)	塑性指数	液性指数	压缩系数(400 kPa)	单位沉降量(400 kPa)	天然快剪峰值		饱和快剪峰值	
												黏聚力(kPa)	内摩擦角(°)	黏聚力(kPa)	内摩擦角(°)
粉质黏土	T1004140	23.3	1.91	2.72	0.756	33.7	16.3	17.4	0.40	0.3	71.7	26.1	19.1	21.2	16.3
	T1004141	23.6	1.92	2.71	0.745	32.5	16.6	15.9	0.44	0.34	85.3	26.1	20.7	22.1	17.6
	T1004142	24	1.91	2.7	0.753	33.3	14.8	18.5	0.50	0.2	58.75	28.6	19.1	23.6	16.1
	T1004143	23.2	1.93	2.7	0.724	33.0	14.4	18.6	0.47	0.24	69.75	27.8	20.2	23.7	17.5
	T1004144	24.8	1.87	2.72	0.815	35.2	16.7	18.5	0.44	0.27	73.5	25.5	19.6	22.0	16.6
	T1004145	25.7	1.88	2.71	0.812	33.9	18	15.9	0.48	0.3	89.25	28.5	20.4	24.4	17.2
子样个数		6	6	6	6	6	6	6	6	6	6	6	6	6	6
平均值		24.10	1.90	2.71	0.77	33.60	16.13	17.47	0.46	0.28	74.71	27.10	19.85	22.83	16.88
标准差		0.98	0.02	0.01	0.04	0.93	1.33	1.29	0.04	0.05	11.08	1.36	0.68	1.24	0.64
变异系数		0.04	0.01	0	0.05	0.03	0.08	0.07	0.08	0.18	0.15	0.05	0.03	0.05	0.04
修正系数												0.959	0.972	0.955	0.969
标准值												26.0	19.3	21.8	16.4

表 6-4　标贯试验成果统计表

岩　性	粉质黏土				粉质黏土含粉细砂层			
	孔号	孔深(m)	实际击数	修正后击数	孔号	孔深(m)	实际击数	修正后击数
样本	H_5	3.95~4.25	7	6.4	H_6	14.55~14.85	5	4.6
		6.85~7.15	7	6.1	H_7	12.35~12.65	6	5.3
	H_6	3.35~3.65	9	8.3		14.10~14.40	5	4.2
		6.55~6.85	10	8.6	H_8	13.95~14.25	6	5.1
	H_7	5.35~5.65	6	5.7		15.15~15.45	4	3.7
		6.50~6.80	8	6.9	H_{11}	21.10~21.40	4	3.5
	H_8	3.35~3.65	7	6.7	H_2	13.55~13.85	7	5.9
		9.95~10.25	7	5.8		14.50~14.80	6	5.3
	H_{11}	3.45~3.75	8	7.4	H_3	12.95~13.25	6	5.4
		10.15~10.45	8	6.8		16.55~16.85	8	6.9
	H_4	7.65~7.95	11	9.6				
		8.70~9.00	12	9.9				
子样个数 n				12				10
平均值 μ_0				7.4				4.99
标准差 σ				1.432				1.028
变异系数 δ				0.195				0.206
修正系数 γ_s				0.898				0.879
标准值 μ_k				6.6				4.39
最小值				5.7				3.5
最大值				9.9				6.90
承载力 f_k			180				133	

表 6-5　K_5 溶洞充填物的物理力学指标建议值

岩性	物理性质指标						力学性质指标									
	天然含水量	天然密度	干密度	孔隙比	液性指数	塑性指数	地基承载力	压缩系数(200 kPa)	压缩系数(400 kPa)	压缩模量(200 kPa)	压缩模量(400 kPa)	单位沉降量(400 kPa)	天然快剪峰值		天然快剪残余值	
	(%)	(g/cm³)	(g/cm³)				(kPa)	a_{1-2} (MPa⁻¹)	a_{1-2} (MPa⁻¹)	E_s (MPa)	E_s (MPa)	(mm/m)	c (kPa)	φ (°)	c (kPa)	φ (°)
①	24.10	1.90	1.53	0.77	0.46	17.47	150	0.36	0.28	4.98	6.65	74.71	27.0	19.0		
②	30.68	1.88	1.44	0.90	0.72	11.53	130	0.41	0.31	4.62	6.26	87.57	11.9	9.1	9.5	6.1
③	28.17	1.92	1.44	0.84	0.60	10.28	110	0.36	0.25	5.23	7.47	74.64	13.5	10.6	10.1	7.5

说明:①岩性为黏土、粉质黏土夹极薄层粉细砂,呈可塑硬塑状;②粉质黏土为主,呈软塑状;③岩性为粉质黏土含粉细砂,呈软塑状。

(2)充填物成分及透水性分析。

充填成分及渗透性试验成果见表6-6。

表6-6 K_5 溶洞充填黏土颗分、渗透系数试验成果统计

试样编号	颗粒组成(%)			渗透系数(cm/s)
	砂(细)(0.25~0.075 mm)	粉粒(0.075~0.005 mm)	黏粒(<0.005 mm)	
T1004140	4.2	60.3	35.5	3.91×10^{-7}
T1004141	3.5	62.0	34.5	3.72×10^{-7}
T1004142	6.2	60.8	33.0	4.52×10^{-7}
T1004143	6.1	60.9	33.0	4.82×10^{-7}
T1004144	1.0	62.9	36.1	1.09×10^{-5}
T1004145	2.3	63.2	34.5	1.36×10^{-5}

溶洞充填物土为非分散性土。根据土颗分试验,土的渗透变形为流土型。其临界水力比降为:

$$J_{cr}=(G_s-1)(1-n)$$

式中 G_s——土粒比重;

n——土粒孔隙度,$n=e/(1+e)$,e 为土粒孔隙比。

经计算,临界水力比降为0.96。

2)溶洞稳定性计算分析

(1)隘口水库渗流及坝体稳定性三维有限元分析(四川大学),有关溶洞处理的研究结论:

①通过 K_5 的帷幕的两侧为渗透系数很小的沉积黏土($K=1.0$ Lu),起到了很好的防渗效果,故通过 K_5 的帷幕的渗透比降极值较小。K_5 溶洞过流面的流量对于帷幕渗透参数的变化较为敏感。帷幕正常工作时为29.886(m^3/d),部分失效时为37.558(m^3/d),后者较前者提高25.67%。是否增加帷幕对于 K_5 溶洞过流面流量影响显著,帷幕正常工作时为29.886(m^3/d),不设帷幕时为67.96(m^3/d),后者较前者提高127.41%。

②由于右侧坝基集中分布了 K_6、K_5、K_8 等溶洞,致使右岸拱端变位存在一定程度不协调性。右坝肩0+200 m桩号附近存在拉应力区。对右岸坝基

进行处理后，可以显著减小右岸沥青心墙的拉应力区的范围和深度。

(2)隘口水库右岸溶洞群整体稳定及坝体三维有限元分析（清华大学水利水电工程系、水沙科学与水利水电工程国家重点实验室）有关溶洞处理的结论：

①对 K_5、K_6 进行填充对于边坡的整体稳定性有利。在填充自密实混凝土后，在降强1.4倍之前，边坡塑形余能基本不变，在降强2.0时边坡塑形余能降低57.1%。在降强1.4倍的条件下，主要不平衡力集中在 f_2（8 369.57 t）、f_4（23.93 t）、f_{13}（31.73 t），防渗帷幕不平衡力很小。可得出结论：K_5、K_6 的填充使 f_4 在溶洞附近的不平衡力显著减小，但对于 f_2 和 f_{13} 影响较小。

②天然情况下，在降强1.4倍时，洞周不平衡力分别为71.63 t和4.07 t，因此施工期临时锚杆支护可以满足要求；在溶洞进行自密实填充后，洞周不平衡力基本消失，可以维持稳定。

2. 设计方案比较研究

在EH4查明右岸溶洞发育的边界及 K_5 溶洞充填物完成后，包括课题组在内的各方提出了多个方案，主要包括：K_6 溶洞“全网管桩”方案、K_6 分期分区处理综合处理方案、K_5 溶洞“全混凝土回填”方案、“全防渗墙”方案、“部分清挖+全断面全高喷+488筏板+防渗墙+块石回填”方案、“高喷+钢管桩+防渗墙”方案、防渗线改线方案等。设计课题组通过对这些方案进行比较分析，以 K_5 溶洞处理为例，选取了主要几个方案进行如下分析。

1)处理方案简述

(1)全混凝土回填方案（方案一）：混凝土全部充填方案即对全部溶洞均采用先清除填充物，再采用C20W6的二级配混凝土回填。

(2)灌浆帷幕改线方案（方案二）：据前述研究成果，K_5 溶洞发育于帷幕轴线上下游各50 m一直向上游发育至原上坝线，长度未知，若防渗线局部上移，同样不可避免地遇到溶洞。则防渗线仅能下移调整，利用调整后的防渗线将Y－K_5 溶洞“包在库内”，由于上、中层平洞洞挖已完成，防渗线后上、中、下三层灌浆平洞需同步移动。

(3)全防渗墙方案（方案三）：在防渗轴线设置厚3.0 m的混凝土防渗墙，其中充填物采用“设备成墙”，空腔则采用“现浇成墙”，空腔防渗墙与边壁间空隙以C20混凝土回填密实。

(4)充填物综合处理（高喷+钢管桩）与空腔防渗墙处理方案（方案四）：在防渗轴线一定范围内的充填物布设高喷灌浆孔和钢管桩，形成复合防渗基础（同时满足防渗与上部防渗墙承载力要求），空腔设置防渗墙，基上因溶洞规模逐渐减小，分别在中、上层平洞采用自密实混凝土回填，而充填物以下则采用常规高压灌浆至设计要求的帷幕底线。

2）方案比较分析

通过综合比较（见表6-7），方案一施工安全问题难以解决，且工程量太大；方案二虽然投资可能最小，但是风险太大；方案三虽然工程风险较小，但结构复杂，洞内充填物防渗墙施工难大；方案四虽然结构也相对复杂，但工程风险均小于前三种方案，充填物处理后均能满足防渗及上部结构承重要求；方案四虽然施工工艺较多，可通过优化施工组织，能满足工期要求；方案四的工程量适中，投资相对较少，也有利于后期的运行管理，因此K_5溶洞处理采用方案四，即"高喷钢管桩防渗墙"方案。

表6-7　K_5溶洞处理方案比较分析

方案	优点	缺点
方案一（全混凝土回填）	1. 施工难度小； 2. 全部填充后对边坡稳定有利	1. 本方案工程量大，投资大，工期长； 2. 大面积开挖后，最后的空腔体最大高度达58 m，整个右岸山体的整体稳定性得不到保证； 3. 开挖施工受到作业面积狭小的影响，开挖速度缓慢
方案二（灌浆帷幕改线）	1. 工程投资小； 2. 施工难度小	1. 地质风险大，由于该方案防渗线修改段无勘探孔控制，新防渗线可能在Kw_{12}溶洞（在右岸上坝公路有出露点）发育范围内； 2. 新灌浆平洞必须穿过K_6溶洞，施工难度大
方案三（全防渗墙）	1. 工程量较小； 2. 工程风险较小，溶洞处理完成便于进行安全检测	1. 施工难度相对较大（特别是充填物防渗墙的施工难度大）； 2. 结构复杂
方案四（充填物综合处理与空腔防渗墙处理）	1. 工程量适中，投资相对较小； 2. 充填物处理后均能满足防渗及上部结构承重要求	1. 结构相对复杂； 2. 施工工艺较多

6.3.2.3 溶洞处理设计方案研究

1. 溶洞处理顺序

根据岩溶复核勘察及前期地质资料、工程影响分析并综合计算分析成果，参考国内溶洞处理设计经验，以及前述的溶洞处理基本原则，右岸溶洞应按“先处理 K_6 溶洞，再处理 K_5 溶洞，最后处理 K_8 溶洞”的顺序处理，同时每个溶洞在处理时也应按“自下而上、分期分区”处理原则进行，以确保施工安全。

2. K_6 溶洞处理设计方案

K_6 溶洞基本贯通整个右坝肩，但空间狭窄，且充填黏土，人员无法进入，故采用了渐进式的处理方案。每次处理根据之前处理方案施工情况、工程效果，逐步对处理方案进行修正，一步一步达到要求的处理效果。

1）分期分区设计（动态设计）

（1）第一次设计处理。采用 485.52 m（下层平洞底板）以下灌注自密实混凝土，485.52 m 以上追踪清挖黏土并置换为自密实混凝土的方案。

485.52 m 高程以下，采用地表钻钢管桩、灌注 C20 自密实混凝土，在自密实混凝土无法到达的部位采用 M20 自密实砂浆充填；灌注完毕后，采用 C20 自密实混凝土封孔。设计钻孔数 24 个。485.52 m 高程以上，坝轴线上下游各 30 m 范围内采用追踪清挖钙华、强烈溶蚀体、黏土后，回填 C20 堆石混凝土、C20 自密实混凝土或 M20 自密实砂浆。

（2）第二次设计处理。由于现场施工安全、施工进度等各种实际情况，仅仅追踪开挖了约 5 m，并且在 3 m 范围进行了混凝土回填；根据 K_6 溶洞检查孔检查结果、EH4 检查结果及中国水电顾问集团贵阳勘测设计研究院的相关咨询建议，不能达到技术要求。为保证本工程的安全运行，须对 K_6 进行二次处理。二次处理方案采用钻孔冲洗回填混凝土的方案进行处理。

518 m 高程以下，接原 K_6 在 518 m 高程的追踪平洞继续开挖，至设计右中纵 0 + 040.00；后在追踪平洞中沿 K_6 溶洞走向钻 DN130 孔至 485 m 高程，钻孔间距 2.0 m。并在下层灌浆平洞设水平孔与 K_6 溶洞连通，采用高压水对 K_6 溶洞进行冲洗，冲洗完成后采用 C20 自密实混凝土分层回填。设计钻孔孔数：中层追踪平洞 24 个，下层灌浆平洞 3 个。518 m 高程以上，清挖表层溶蚀填充物后，与 518 m 高程处理方式相同，钻 DN130 铅直孔至 518 m 高程，钻孔间距 2.0 m。冲洗后采用 C20 自密实混凝土分层回填。设计钻孔孔数 23 个。

（3）第三次设计处理。经过第二次的钻孔冲洗及回填混凝土处理，达到了一定的工程效果，但第二次处理依靠钻孔冲洗黏土及回填混凝土，有一定局限性，经过声波及 EH4 复查，未能达到设计要求。经过分析并参考中国水电顾问集团贵阳勘测设计研究院的咨询意见,决定采用灌浆方式进行第三次设计处理。

518 m 高程以下,在二次处理开挖的追踪平洞布置固结灌浆孔。间排距 1.0 m×2.0 m,钻孔为斜孔,钻孔高程 518～478 m,倾斜角度依据 K_6 溶洞二次处理钻孔经验由地质人员确定。固结灌浆孔数:Ⅰ序孔 15 个,Ⅱ序孔 23 个,Ⅲ序孔 11 个。

518 m 高程以上,右坝肩顶 K_6 溶洞发育区域布置固结灌浆孔,间排距 3.0 m×3.0 m,平面面积 817 m^2,钻孔为铅直孔,钻孔高程为 550～518 m。固结灌浆孔数:Ⅰ序孔 26 个,Ⅱ序孔 51 个,Ⅲ序孔 23 个。

2)K_6 溶洞安全监测设计

K_6 溶洞监测主要为洞身变形和位移。主要监测设备为多点变位计和测斜仪。

(1)多点变位计测量总长 238 m,在坝纵 0－005.00 断面分别布置在 3 个高程,边坡位置起点高程分别为 480.0 m、500.0 m、535.0 m,在坝纵 0－030.00断面从边坡高程 470.00 m 位置布置。多点变位计须穿过 K_6 溶洞,技术参数见表 6-8。

表 6-8　多点变位计主要技术指标及配套设备

<table>
<tr><th colspan="2">主要技术指标</th><th colspan="2">配套设备</th></tr>
<tr><th>项目</th><th>技术要求</th><th>项目</th><th>技术要求</th></tr>
<tr><td>测点数(个)</td><td>3/5</td><td>信号电缆</td><td>五芯屏蔽电缆</td></tr>
<tr><td>量程(mm)</td><td>200</td><td colspan="2" rowspan="7">电缆主要技术要求:单芯截面面积:>0.3 mm²,单芯电阻:<6 Ω/100 m,屏蔽材质:铝锡箔或高密铜网,电缆绝缘:>200 MΩ</td></tr>
<tr><td>精度(%FS)</td><td>≤±0.01</td></tr>
<tr><td>工作温度(℃)</td><td>－30～＋65</td></tr>
<tr><td>耐水压(MPa)</td><td>1</td></tr>
<tr><td>锚头类型</td><td>灌浆锚头</td></tr>
<tr><td>传递杆类型</td><td>不锈钢杆</td></tr>
<tr><td>钻孔直径(mm)</td><td>孔内:≥90;孔口:≥130</td></tr>
</table>

(2)测斜仪一共 3 支,铅直布置,须穿过 K_6 溶洞底板。在坝纵 0－005.00 断面布置 2 支,分别位于右岸下层和上层平洞,在坝纵 0－030.00 断面布置 1 支,位于坝横 0＋233.87 桩号。测斜仪技术参数见表 6-9。

表 6-9　测斜仪主要技术指标及配套设备

主要技术指标		配套设备	
项目	技术要求	项目	技术要求
轴线数	双轴(垂直)	信号电缆	如强芯专用电缆,每 0.5 m 一个标记
安装方式	垂直串联	孔口滑轮	配套测斜管
测量范围	±15°~±30°	电缆绞盘	配套电缆长度
分辨率(弧秒)	14		
精度(%FS)	≤0.1		
标距(m)	0.5		
工作温度(℃)	-25~+60		
耐水压(MPa)	1		

3.K_5 溶洞处理设计方案

1)安全处理设计(Ⅰ期设计)

(1)主要处理措施。自上而下撬掉溶洞内松动岩块,采用系统锚喷加设钢筋网支护(支护参数见后),局部增设随机锚杆及挂钢筋网,随机锚杆布置方式根据现场实际情况确定。须根据实际已发现情况预测溶洞可能的发育趋势,并在施工阶段加强临时安全观测。

(2)溶洞顶板安全厚度确定。溶洞顶板安全厚度指溶洞衬砌混凝土的最小厚度。K_5 溶洞空洞部分发育在高程 559.53~493.34 m(暗河水位),充填部分发育在高程 493.34~451.62 m,揭露总高差 107.91 m,溶洞高 3~24 m。即局部为天然洞体,若在里面进行施工,施工安全得不到有效的保障,需在洞顶设置安全拱。对于岩溶区溶洞顶板安全厚度无规范或技术要求等资料,本次采用《岩溶隧道溶洞顶板安全厚度预测探讨》(《现代隧道技术》,第 24 卷第 3 期,2005 年 6 月,北京交通大学,王勇)研究成果计算。本书采用二维弹塑性有限元方法对隧道开挖进行数值模拟计算,分析了隧道底部溶洞顶板安全厚度的影响因素,研究了各影响因素与安全厚度的相关变化规律,并用多元线性回归的方法得出了一个能综合体现各影响因素的溶洞顶板安全厚度预测模型,以此确定顶板的最小安全厚度。

$$T = -0.3321D - 59.1c - 1.09\varphi - 46\mu + 1.52\gamma + 0.34h + 29.201$$

式中 T——岩溶区隧洞顶板最小安全厚度,m;

D——溶洞直径,m;

c——岩体黏聚力,MPa;

φ——内摩擦角,(°);

μ——泊松比;

γ——容重,kN/m^3;

h——埋深,m。

顶板的最小安全厚度计算参数值及计算成果见表 6-10。

表 6-10 顶板的最小安全厚度计算参数值及计算成果

项目	洞径（m）	黏聚力（MPa）	内摩擦角（°）	泊松比	容重（kN/m³）	埋深（m）	最小安全厚度 T（m）
数值	3~24	0.9	38.65	0.24	27	80	-4~-10

从表 6-10 可以看出,计算的顶板最小安全厚度为负值,可认为目前的溶洞洞体整体上为稳定状态,也符合目前现状。

(3)支护参数的初步确定。

假定本溶洞为在山体内新开隧洞(洞室),山体围岩为Ⅲ类。结合《水工隧洞设计规范》(SL 279—2002)中的衬砌形式选择及喷锚支护类型及参数,见表 6-11、表 6-12。

表 6-11 岩洞衬砌形式选择

压力状态	设计原则	最小覆盖厚度要求	承担内水压能力	围岩分类			备注
				Ⅰ、Ⅱ	Ⅲ	Ⅳ、Ⅴ	
无压	抗裂	—	—	钢筋混凝土并加防渗措施			研究是否采用预应力混凝土
	限裂	—	—	锚喷、钢筋混凝土	钢筋混凝土		—
	非限裂	—	—	不衬砌、混凝土、锚喷		锚喷、钢筋混凝土	—

表 6-12 锚喷支护类型及其参数

围岩类别	洞室开挖直径或跨度(m)					
	$D<5$	$5<D<10$	$10<D<15$	$15<D<20$	$20<D<25$	$25<D<30$
Ⅰ	不支护	不支护或 50 mm 喷射混凝土	(1)50~80 mm 喷射混凝土 (2)50 mm 喷射混凝土,布置长 2.0~2.5 m、间距 1.0~1.5 m 锚杆	100~120 mm 喷射混凝土,布置长 2.5~3.5 m、间距 1.25~1.50 m 锚杆。必要时设置钢筋网	120~150 mm 钢筋网喷射混凝土,布置长 3.0~4.0 m、间距 1.25~1.50 m 锚杆	150 mm 钢筋网喷射混凝土,相间布置长 4.0 m 锚杆和长 5.0 m 张拉锚杆、间距 1.5~2.0 m
Ⅱ	不支护或 50 mm 喷射混凝土	(1)80~100 mm 喷射混凝土 (2)50 mm 喷射混凝土,布置长 2.0~2.5 m、间距 1.0~1.25 m 锚杆	(1)100~120 mm 钢筋网喷射混凝土 (2)80~100 mm 喷射混凝土,布置长 2.0~3.0 m、间距 1.0~1.5 m 锚杆。必要时设置钢筋网	120~150 mm 钢筋网喷射混凝土,布置长 3.5~4.5 m、间距 1.5~2.0 m 锚杆	150~200 mm 钢筋网喷射混凝土,布置长 3.5~5.5 m、间距 1.5~2.0 m 锚杆,原位监测变形较大时修改支护参数	
Ⅲ	(1)80~100 mm 喷射混凝土 (2)50 mm 喷射混凝土,布置长 1.5~2.0 m、间距 0.75~1.0 m 锚杆	(1)120 mm 钢筋网喷射混凝土 (2)80~100 mm 钢筋网喷射混凝土,布置长 2.0~3.0 m、间距 1.0~1.5 m 锚杆	100~150 mm 钢筋网喷射混凝土,布置长 3.0~4.0 m、间距 1.5~2.0 m 锚杆,原位监测变形较大时进行二次支护	150~200 mm 钢筋网喷射混凝土,布置长 3.5~5.0 m、间距 1.5~2.5 m 锚杆,原位监测变形较大时进行二次支护		

根据以上规范资料结合溶洞顶板安全厚度确定计算的支护参数见表6-13。

表6-13　支护参数

洞径(m)	≤10	≤15	≤20	>20及以上	说明
喷混凝土(mm)	80	100	120	150	
挂网钢筋	Φ6	Φ6	Φ8	Φ8	间、排距200 mm
M30砂浆Φ25锚杆	L=3 m	L=4.5 m	L=6 m	L=9 m	间、排距2 m

注:必要时根据观测结果,设混凝土二期支护或采用其他必要的支护方式。

2)主体设计(Ⅱ期设计)

根据复核探查及计算分析成果,K_5溶洞充填物、空腔(大厅)采用的处理方案如下:空腔(大厅)采用C20混凝土防渗墙方案,同时满足防渗及长久运行工况下水荷载,防渗墙下设置钢管灌注桩为主要承重体。下部充填物需满足渗流量和渗透稳定的基本要求,结合帷幕灌浆做高压喷射灌浆,同时考虑上部荷载作用做补强灌浆。

(1)K_5空腔区。设置厚3.0 m的防渗墙(C20W6),上游侧设搭接帷幕和锚筋桩,锚筋桩采用3根Φ28形成钢筋束,以间排距1 m梅花形布置。顶部设置4.2 m宽混凝土基座与上部岩体相接。防渗墙下部为C20W6防渗墙基座,上下游侧均采用1∶1的坡度至高程488.50 m,基座上游侧底部设C20截水槽,截水槽深6.1 m,宽3.5 m。防渗墙及截水槽与边壁中空腔以C20W6混凝土充填。

(2)充填物区。根据地质勘察,洞底覆盖层厚23.4~36.6 m,充填物以黏土、砂为主,夹卵砾石、溶蚀塌陷岩块、碎石,黏土呈可塑状,质纯,黏性强,遇水成稀泥。据《水电水利工程高压喷射灌浆技术要求》(DL/T 5200—2004),K_5溶洞的填充物可采用高压喷射灌浆达到地基加固、防渗效果。设计上根据水电十一局高喷试验成果,共设5排高压喷射灌注孔,取钻孔直径146 mm、孔距800 mm,可达到防渗要求。廊道底部设钢管灌注桩作为竖向荷载受力结构,钢管桩直径168 mm,壁厚6 mm,分为A、B两类桩。A型桩桩内预埋帷幕灌浆钢管,管径76 mm,壁厚4 mm,灌浆钢管与钢管管壁间采用压力注浆;B型桩桩内预埋一根Φ25钢筋,并压力注浆。A型桩设计承载力350 kN,B型桩设计承载力545 kN。

最终由帷幕、防渗墙、高压喷射形成一套完整的防渗体系,见图6-14。

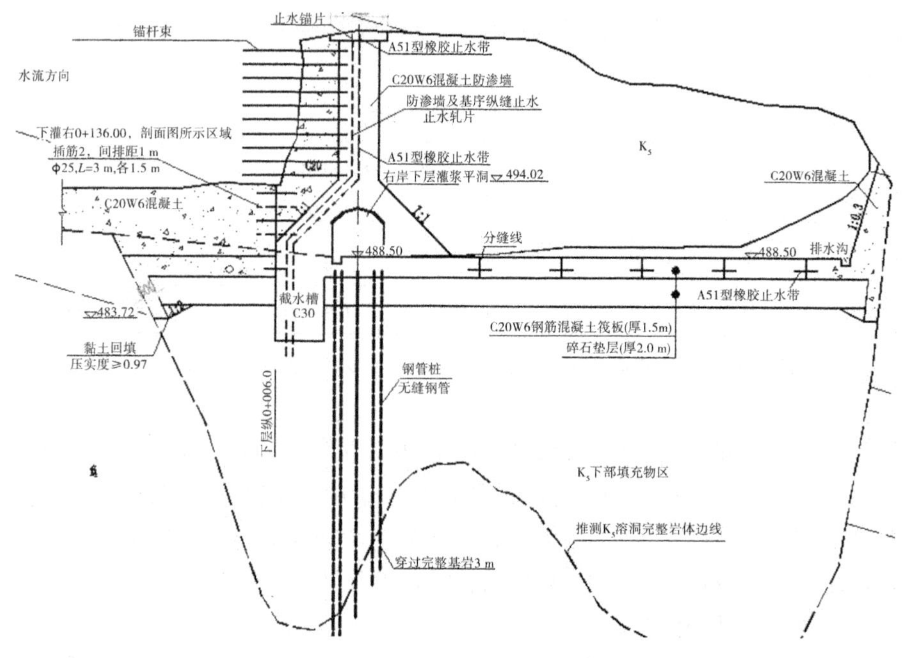

图 6-14　K_5 防渗体系布置图

3）监测设计

对 K_5 监测方案主要包括溶洞洞身变形监测、防渗墙应力变形监测和渗透压力监测、锚杆应力监测。

（1）监测频率，见表 6-14。

表 6-14　监测频率

仪器	阶段和测次			
	施工期	初蓄期	运行期	
			前 5 年	永久
多点变位计	30 次/月	30 次/月	30 次/月	10 次/月
水准测点	10 次/月	10 次/月	36 次/年	36 次/年
锚杆应力计	30 次/月	30 次/月	30 次/月	10 次/月

（2）溶洞洞身变形监测，主要包括边墙的水平及垂直位移、边墙与溶洞边壁位错变形、顶拱的水平及垂直位移、溶洞边壁及顶拱岩体内部位移等。

以上监测内容通过设置水准测点和多点变位计实现，共设置 5 支多点变位计、7 支水准测点。B1、B2 及顶拱分别设置一个多点变位计，B3 边壁设置两个多点变位计；在对应多点变位计的位置各设置一支水准测点，另在顶拱设置两支水准测点。多点位移计总长 15 m，边壁上设置的多点位移计上翘 15°，拱顶处为铅直方向。水准测点放置于岩壁或混凝土表面，边壁处水平放置，拱顶处铅直放置。多点变位计主要技术指标和配套设备见表 6-15。

表 6-15　多点变位计主要技术指标和配套设备

<table>
<tr><th colspan="2">主要技术指标</th><th colspan="2">配套设备</th></tr>
<tr><th>项目</th><th>技术要求</th><th>项目</th><th>技术要求</th></tr>
<tr><td>测点数(个)</td><td>3</td><td>信号电缆</td><td>十芯屏蔽电缆</td></tr>
<tr><td>量程(mm)</td><td>200</td><td colspan="2" rowspan="7">电缆主要技术要求：单芯截面面积：>0.3 mm^2，单芯电阻：<6 Ω/100 m，屏蔽材质：铝锡箔或高密铜网，电缆绝缘>200 MΩ</td></tr>
<tr><td>精度(%FS)</td><td>≤±0.1</td></tr>
<tr><td>工作温度(℃)</td><td>-30~+65</td></tr>
<tr><td>耐水压(MPa)</td><td>1</td></tr>
<tr><td>锚头类型</td><td>灌浆锚头</td></tr>
<tr><td>传递杆类型</td><td>不锈钢杆</td></tr>
<tr><td>钻孔直径(mm)</td><td>孔内：≥90；孔口：≥130</td></tr>
</table>

(3)防渗墙应力变形监测和渗透压力监测，包括防渗墙位移变形、防渗墙裂缝监测，渗透压力监测对象为防渗墙下部 K_5 下部充填物区。

①防渗墙位移变形监测设备包括水准测点 6 支，布置于防渗墙下游面，分为 3 组，每组 2 支，分别布置于桩号下灌右 0+125.00、下灌右 0+136.00、下灌右 0+154.00。

②防渗墙裂缝监测设备包括 JD 型测缝计 2 支(JD1~JD2，见表 6-16)，J 型测缝计 7 支(J1~J7，见表 6-17)。J1 和 J2、J3 和 J4、JD1 和 JD2 三组测缝计沿防渗墙与溶洞岩面接触面布置，桩号分别为下灌右 0+125.00、下灌右 0+136.00、下灌右 0+154.00，J5~J6 沿防渗墙与顶板混凝土接触面布置，桩号下灌右 0+125.00、下灌右 0+136.00、下灌右 0+154.00。

表 6-16　测缝计(JD 型)主要技术指标和配套设备

主要技术指标			配套设备	
项目		技术要求	项目	技术要求
测量范围(mm)	X 向	40	信号电缆	五芯水工电缆
	Y 向	40	附件	相关对应附件
最小读数(mm)		0.01		
耐水压(MPa)		1		
温度测量范围(℃)		-25~60		
温度测量精度(℃)		±0.5		
说明		测量范围可调		

表 6-17　测缝计(J 型)主要技术指标和配套设备

主要技术指标			配套设备	
项目		技术要求	项目	技术要求
测量范围(mm)	拉伸	40	信号电缆	五芯水工电缆
	压缩	-1	附件	相关对应附件
最小读数(mm/0.01%)		≤0.022		
耐水压(MPa)		1		
温度测量范围(℃)		-25~60		
温度测量精度(℃)		±0.5		
说明		测量范围可调		

③渗透压力监测设备为 12 支渗压计,分为 4 组,均埋设于 K_5 溶洞防渗墙以下的充填物区,见表 6-18。

(4)锚杆应力监测,应力监测设备包括锚杆应力计 28 支,其中用于监测锚筋束,8 支位于普通锚杆内,见表 6-19。

表 6-18　渗压计主要技术指标及配套设备

主要技术指标		配套设备	
项目	技术要求	项目	技术要求
量程(MPa)	1	信号电缆	四芯屏蔽电缆
安装方式	水平	孔口附件	有压型孔口装置
分辨率(%%FS)	≤0.05		
精度(%FS)	多项式≤0.1		
温度测量范围(℃)	0~150		
温度测量精度(℃)	±0.5		
零飘	<0.1%F.S/a		

表 6-19　渗压计主要技术指标及配套设备

主要技术指标			配套设备	
项目		技术要求	项目	技术要求
测量范围	拉伸(MPa)	0~400	信号电缆	四芯屏蔽电缆
	压缩(MPa)	0~100	连接螺套	与所选仪器直径、量程匹配
分辨率(%%FS)		≤0.05	指示仪器	振弦式指示仪
精度(%FS)		0.25		
配筋直径(mm)		25/32		
温度测量范围(℃)		-20~+60		
温度测量精度(℃)		±0.5		
耐水压(MPa)		1		

4.K_8 溶洞处理设计方案

1)安全处理设计(Ⅰ期设计)

(1)同 K_5 溶洞,即自上而下撬掉溶洞内松动岩块,局部设随机锚杆及挂钢筋网,随机锚杆布置方式根据现场实际情况确定;并须根据实际已发现情况预测溶洞可能的发育趋势,并在施工阶段加强临时安全观测。

(2)由于溶洞上部有块石沿溶洞边壁滑下,对施工安全造成影响,因此廊道上游侧(距廊道轴线 4.0 m)浇注 490.00 m 平台,并在平台靠近廊道的边缘设 2 m 高挡墙，防止溶洞上部掉块影响廊道施工。

（3）廊道下游侧掉块较严重，稳定性差，在廊道下游侧边壁外（距廊道轴线 2.4 m）对空腔用混凝土进行填筑，对溶洞稳定起到支撑作用，为下一步永久工程施工打下基础。

（4）对王家坟及坑坨洼地的排水措施。

①在 K_8 溶洞高程 518.00 m 位置设置进水口，将水引入 DN200PE 管，根据实际地形，最终引入廊道中，再经由廊道中从 4#施工支洞流入大坝下游河道。管道出口处设置钢阀门。②王家坟洼地和坑坨洼地设置截水沟，将洼地雨水排至取水塔上游。③K_8 自密实混凝土浇筑尽量避免下雨天气进行。自密实混凝土的浇筑必须保证密实，在浇筑完毕后进行补强灌浆，确保与岩体紧密接触。

在 K_8 施工完毕后关闭管道阀门，隔绝洼地对 K_8 的影响。

2）主体设计（Ⅱ期设计）

（1）空腔区。K_8 溶洞在 488.00 m 以上为空腔区，廊道及 490.00 m 平台以上至 518.00 m 全部空腔体以自密实混凝土进行填筑。混凝土浇筑量较大，浇筑应分层分仓进行，避免水化热过大。库区蓄水后溶洞内最大水头达到 60 m，混凝土体承受较大水平推力，因此空腔区上游侧边壁布置锚筋桩，协助抵抗水平推力。

（2）充填物区。即 488.00 m 以下至基岩为充填物区，该区全部用高压喷射灌浆进行处理，达到防渗目的；溶洞轴线上游侧进行补强灌浆，可降低溶洞内水头，并与帷幕灌浆、填充区高压喷射灌浆、溶洞内混凝土体共同形成完整的防渗体系。

由于上部混凝土浇筑后重量较大，且上游库区蓄水后水头较高，填充区将承受较大荷载，因此在混凝土填筑体下部设钢管灌注桩作为承重结构。

断面结构布置形式见图 6-15。

3）监测设计

K_8 溶洞监测主要包括变形监测、渗流监测和锚杆应力监测。

溶洞变形监测设备为 2 支水准测点，分别位于桩号下灌右 0+170.0 和下灌右 0+180.0 廊道上游侧边墙。渗流监测设备为 2 支渗压计，分别位于下灌右 0+170.0 和下灌右 0+180.0，高程为 487.0 m，纵 0-001.90。K_8 溶洞锚杆应力监测设备包括锚杆应力计 28 支，用于监测锚筋束应力监测。

K_8 溶洞内检测设备技术指标及配套设备与 K_5 一致。

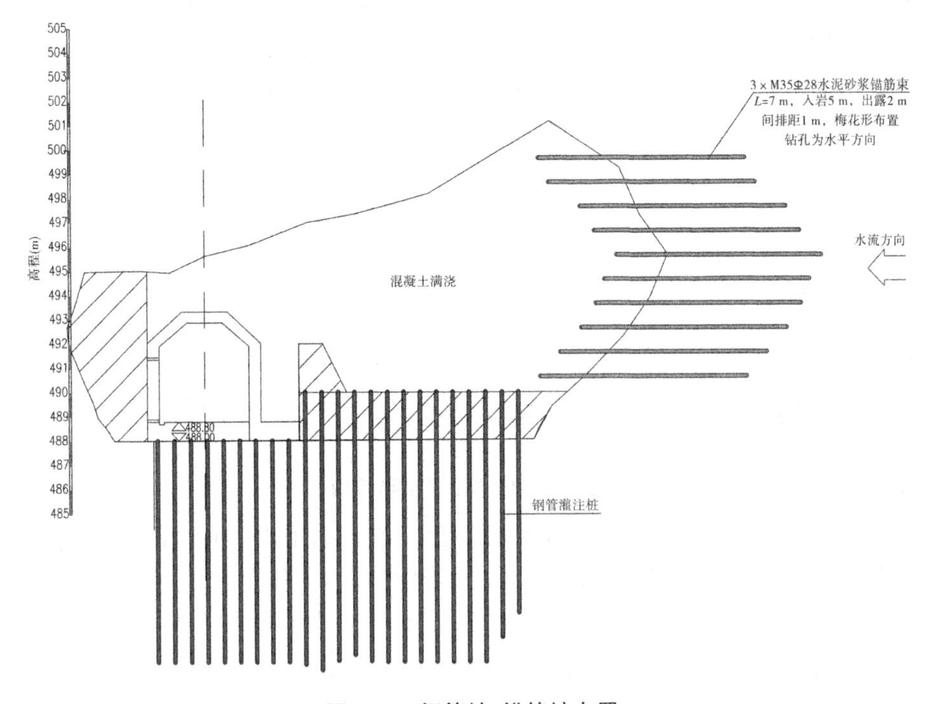

图 6-15　钢管桩、锚筋桩布置

6.4　溶洞处理关键施工技术研究

6.4.1　深厚溶洞充填物钻孔工艺的选择

K_5 溶洞处理采用溶洞墙坝的方案，对基础充填部分不再开挖，采用高压旋喷防渗墙+钢管桩的方式进行处理，以提高填充物的承载力和防渗效果。

K_5 溶洞内充填物成分多样，充填物最大厚度达 40 余米。洞内的充填物以黏土及粉、细砂为主，其中夹有溶蚀残留岩体、溶蚀崩塌岩体，在暗河河床还堆积有砂卵砾石等。

在 K_5 溶洞内充填物钻进施工中，塌孔、埋钻是施工人员经常碰到且又十分头疼的问题。采用常规的钻进工艺方法很难保证钻孔的质量和施工效率，必须采用冲击跟管钻进工艺。目前，常用的冲击跟管钻进形式为偏心式跟管钻具，进行旋转冲击跟管钻进。偏心钻具由导正器、偏心钻头、中心钻头组成，其工作原理为：钻进时，偏心跟管钻具通过套管内孔中进入套管靴位置，当钻具正转时，偏心钻头在孔底摩擦力的作用下顺着回转方向偏心张开，在潜孔锤驱动下钻头钻出比套管外径大的钻孔，同时偏心钻具的导正器台肩驱动套管靴，使套管与钻孔同步跟进，使之保护钻孔。钻孔达到预定深度后，使钻具反向旋转一定角度，偏心钻头收拢，然后从套管中提出。偏心跟管钻具结构如图 6-16所示。

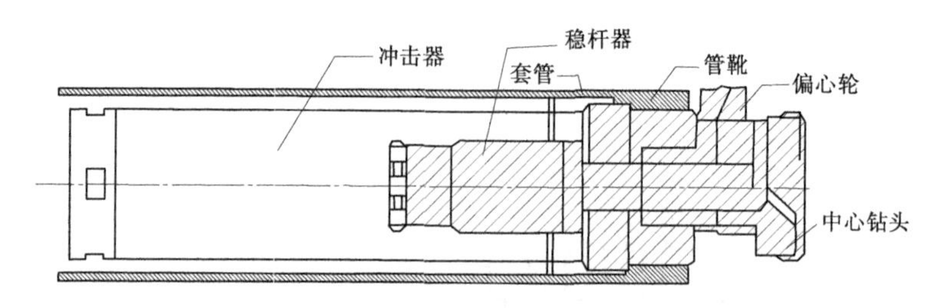

图 6-16　偏心跟管钻具结构

偏心跟管虽然是一种比较成熟的跟管钻进方法，但由于 K_5 溶洞地质结构的复杂性，严重制约了其成孔的速度，主要体现在以下几方面：

（1）由于地层岩性的不均一性，尤其是在粉砂层，在钻具中偏心轮的作用下，导致钻孔易偏斜而非直线，钻进时极易卡钻，造成孔内事故，一旦发生事故，由于受套管强度及钻机扭矩的限制，很难解决，往往造成钻孔报废，不得不重新开孔。

（2）在钻进中，遇到大孤石的情况频繁发生，一旦遇到孤石，由于围岩阻力的增大，极大地限制了偏心轮的同孔效果，使钻孔断面形状呈椭圆形而非圆形，且有效孔径有随孔深增加而减小的趋势，这样一来，钻孔越深，阻力越大，一旦阻力超过套管及管靴的强度，就导致套管或管靴被拉断，从而无法继续钻进。在实际施工过程中，一般在 30 m 左右套管就会被拉断，而一旦被拉断，就只有将钻具连套管一起拉出，更换新套管后再扫孔钻进，要成一个孔，往往要反复 10 次左右，这样不仅大大增加了施工成本，还因为劳动强度的加大而极大地打击了工人的积极性，以致成孔速度极慢，无法满足施工进度的要求。

（3）溶洞段地质情况复杂，钻进至孔底段，孔底端残留残渣多，偏心钻头不能正常收拢提出，需要往下重新钻孔冲孔，处理时间长。

根据隘口水库 K_5 溶洞充填物的特性，上述三个主要问题在偏心跟管钻进时是无法解决的，因此如何有效解决钻孔过程中的卡钻问题及孤石跟管钻进问题是隘口水库 K_5 溶洞充填物高压旋喷成孔过程中最关键的因素。

通过分析，我们认为，如果用同心钻具跟管钻进，卡钻事故发生的可能性会远小于偏心跟管钻进，同时由于是同心全断面钻进，有效冲击频率大大提高，有效钻孔孔径能得到充分的保证，阻力也会大大减小，就算碰到特大孤石，钻进速度也不会受到太大的影响，同时会大大增加材料的使用寿命，能使套管一次跟进的深度加大。

同心跟管钻具主要由中心钻头及同心套组成，其工作原理是：通过套在中心钻头外的同心环的同孔作用将套管顺利地带入孔内，钻至设计孔深。同心跟管钻具结构如图 6-17 所示。

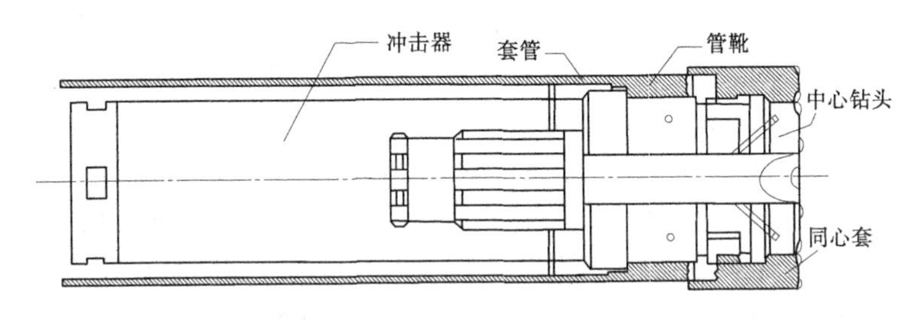

图 6-17　同心跟管钻具结构

这样不仅很好地解决了在孤石中跟管钻进困难的问题，还确保了跟管的深度，在实际的施工过程中，能一直钻至设计孔深，大大增加了成孔的效率，提高了成孔的速度。

同心跟管钻具工作特点是：由于中心钻头与环形钻头在同一中心上，所以在钻进过程中，钻具很同心，钻机就无摆动，扭矩力小，成孔很圆，孔斜率较低，对管靴和套管损伤小，破石快，进尺均匀，无须反转直接收回。有了以上特点，在整个钻进过程中可减少卡钻、断管靴、断套管、断钻具、断钻杆、拔管负荷力大等很多事故的发生。

6.4.2　自密实混凝土在溶洞处理施工中的应用

6.4.2.1　溶洞发育及采用自密实混凝土填充处理的方案简述

隘口水库坝基岩溶高度发育，坝肩右岸分布着 K_4、K_5、K_6、K_8、K_9 等大型溶洞，溶洞空腔体积巨大。根据各溶洞所处的不同位置及其不同发育形式，设计上采取了不同的处理方案。采用自密实混凝土对空腔进行填充是其处理方法之一，其中，K_4、K_6、K_8、K_9 等溶洞均采用了自密实混凝土充填的处理方式。

K_4、K_9 溶洞的发育位置在右岸上层平洞内，K_4 溶洞位于洞轴线下游侧底板高程以下，K_9 溶洞位于洞轴线下游侧拱肩处，根据现场实际，其自密实混凝土直接采用混凝土罐车或架设混凝土泵至洞口充填即可。

而针对 K_6、K_8 溶洞，则由于其空腔所处位置均位于右岸下层平洞与中层平洞之间，且其发育形式相对复杂，其自密实混凝土充填方式也有所不同，处理起来比较复杂。

右岸 K_6 溶洞从坝顶贯穿至坝基以下 456.27 m 高程，穿过右岸上、中、下三层灌浆平洞，并顺垂直与坝轴线的方向，由上游至下游贯穿右坝肩，形成一个分离面。K_6 溶洞在右岸下层灌浆平洞位于桩号下灌右 0+062.72～0+081 处充填黏土，开挖过程中发生过多次坍塌，并在右岸中层灌浆平洞与下层平洞之间呈现为高狭型溶洞空腔，开挖揭示的空腔宽度 6～8 m、长度 18～20 m、高度 15～20 m。设计对溶洞空腔的处理方案为：对上部未完全揭示的溶洞先采用自密实混凝土直接通过边坡出露的洞口灌注，其后对溶洞相应范围的坝肩边坡进行深孔固结灌浆；对下部高狭型大型溶洞空腔，进行清挖后，采用 C20 自密实混凝土充填，并最终形成原下层平洞及支洞的衬砌断面，以利后期帷幕灌浆施工；空腔充填后，对溶洞及其影响范围进行深孔固结灌浆处理。

右岸 K_8 溶洞在右岸下层灌浆平洞下灌右 0+165～0+179 洞段开挖过程中揭示。溶洞为顺层斜向溶蚀发育，空腔大部分位于平洞轴线的上游，与 K_5 溶洞相连通，洞内主要为粉质、砂质黏土充填，充填物表面多为大块溶蚀崩塌岩块堆积，为半充填型溶洞，空腔可视范围内斜向高差最高达 33 m，并斜向上延伸穿过右岸中层灌浆平洞。设计对溶洞空腔的处理方案为：清除溶洞内崩塌岩块及表层充填物，完成右岸下层灌浆平洞在溶洞段的衬砌，采用 C20 自密实混凝土分层对溶洞空腔进行充填，并对溶洞影响范围进行深孔固结灌浆。

由此可见，隘口水库巨型溶洞空腔处理施工中，自密实混凝土充填为其重要的组成部分。

6.4.2.2　自密实混凝土性能简介

自密实混凝土（Self Compacting Concrete 或 Self-Consolidating Concrete，简称 SCC），也叫高流动混凝土，是指在新型高效减水剂的帮助下，在自身重力作用下，可以得到流动性极佳的混凝土，即使存在致密钢筋也能完全填充模板，同时获得很好的均质性，并且不需要附加振捣就可以达到自密实的效果。它具有流动度高、不离析、均匀性好、稳定性高等优点，而且自密实混凝土泌水性很小，在混凝土表面不会产生乳皮层，新老混凝土接触面连接性能良好，不需要特别处理就可以达到很好的一体化效果。

SCC 自流回填法是指利用 SCC 超强的流动性与抗分离能力，通过合理地控制流动距离进行回填的方法。SCC 通过控制其工作性能，就能达到控制其流动性能的目的。施工操作简便，在固定点连续浇筑状态下，SCC 水平流动距离可以达到 30 m,覆盖面积较大,同时能保证工作状态的损失较小。SCC 可以有效地封堵岩层中较大的裂隙,能够最大限度地减少灌浆损失和灌浆量。

6.4.2.3 自密实混凝土的原材料、配比及拌制

1.自密实混凝土原材料

水泥采用硅酸盐水泥或普通硅酸盐水泥,强度等级不低于 42.5;粉煤灰等级不低于Ⅱ级。

混凝土细骨料宜优选级配良好的人工砂,其细度模数宜在 2.4~2.8,天然砂的细度模数在 2.2~3.0。混凝土粗骨料选用 5~20 mm 粒径的石子,超径率不得超过 5%。粗细骨料性能指标应符合相关规范要求。各种骨料均采用现场人工骨料加工系统生产,料源来自大坝下游左岸的干洞石料场,为灰岩料。

外加剂采用由清华大学授权的堆石混凝土专用自密实混凝土外加剂,其性能指标符合相关规范规定。

2.自密实混凝土施工配合比

自密实混凝土在配合比设计上用粉体取代了相当数量的石子,通过高效减水剂的分散和塑化作用,使浆体具有良好的流动性和黏聚性,能够有效地包裹和输运石子,从而达到自流动和自密实的效果。隘口水库自密实混凝土配合比设计前,选取现场粉体材料、粗细骨料等进行了专门的配合比设计,最终选用的配合比如表 6-20 所示。

表 6-20 隘口水库自密实混凝土配合比 (单位:kg/m^3)

等级	水泥	粉煤灰	水	砂	石子	专用外加剂
C20	194	222	188	1 003	710	6.89

3.自密实混凝土的拌和

自密实混凝土的搅拌顺序为:将称量好的骨料和胶凝材料分别投入搅拌机干拌,在加入水和外加剂后继续搅拌 60 s 以上(气温低于 15 ℃时搅拌时间应不低于 90 s),目测自密实混凝土工作性能达到要求之后方可出机。自密实混凝土与生产普通混凝土相比应适当延长搅拌时间。

针对 K_6、K_8 溶洞,由于其空腔所处位置均位于右岸下层平洞与中层平洞之间,且其发育形式相对略为复杂,其自密实混凝土充填方式也稍有不同。

6.4.2.4 K_6 溶洞自密实混凝土充填施工

对 K_6 溶洞的自密实混凝土充填主要分为两部分:一部分为上部未全面揭示的溶洞空腔充填,一部分为右岸中层与下层平洞间揭示的高狭型大型溶洞

空腔充填。

1.未完全揭示的 K_6 溶洞上部溶洞空腔充填

对于 K_6 上部未完全揭示的溶洞空腔的自密实混凝土灌注，其具体施工方法如下：

(1)利用插筋、型钢、模板等对 K_6 溶洞下层空腔顶部出露的洞口进行封堵，以防自密实混凝土泄漏。

(2)自密实混凝土选用专利厂家提供的专用自密实混凝土外加剂，由现场试验人员指导配料拌和，拌和时间比普通混凝土长 1~2 倍。

(3)自密实混凝土采用 3 辆 8 m^3混凝土搅拌罐车，通过上坝道路运至大坝右岸 EL549.2 m 平台，采用混凝土泵架设泵管至平台上游边坡的 K_6 溶洞出露点，泵送浇筑。

(4)采用自流形式向溶洞内灌注 C20 自密实混凝土，直至充填饱满，洞口溢出。

(5)自密实混凝土浇筑时，应连续泵送，必要时降低泵送速度，停泵超过 90 min 时，应将泵管中混凝土清除，并清洗泵机。

(6)自密实混凝土充填过程中对与 K_6 相关的溶洞设专人进行防泄漏监控。根据现场设置四个监控点：取水塔交通洞 K_5 溶洞天井处、右上平洞 K_4 溶洞内、5#施工支洞 K_6 溶洞空腔内、4#施工支洞 K_5 溶洞大空腔内，每个监控点安排专门人员进行监控，发现异常及时报告并采取妥善处理措施，待泄漏部位处理完毕后，再继续浇筑。

2.K_6 溶洞下部高狭型大型溶蚀空腔自密实混凝土充填

对于右岸中层平洞与下层平洞间的大型溶洞空腔自密实混凝土充填施工时，为保证施工安全，以及提前开始溶洞固结灌浆作业达到加快施工进度的需要，采取了分期混凝土浇筑、自中层平洞钻孔灌注自密实混凝土的施工方案。

(1)K_6 溶洞下部大型空腔按设计清挖完成后，在预留出足够的交叉段衬砌结构混凝土断面的情况下，预留出相应的洞口位置，采用最快捷、简便的方法先行立模浇筑衬砌断面以外部分边壁及顶板混凝土，形成对下部复杂衬砌施工的保护。

(2)先期顶板混凝土浇筑后，等强化 7 d 后进行 K_6 溶洞大型空腔的自密实混凝土充填。自密实混凝土按 3 m 高度分层浇筑。

(3)第一层自密实混凝土充填采取自下而上通过预埋冲天管泵送入仓的浇筑方式，冲天管超出先行浇筑顶板顶面 2.9 m，间隔 6 m 埋设一根，互为备用。混凝土泵采用 HBT60A 型，3 m^3混凝土罐车自 4#、5#施工支洞运输浇筑。

(4)第一层自密实混凝土浇筑后,间隔 3~5 d,再开始第二层混凝土浇筑。第二层及以上各层自密实混凝土充填则通过自右岸中层灌浆平洞向下层溶洞空腔相对高点的位置钻孔的方式进行浇筑,混凝土自 3#施工支洞通过右岸中层灌浆平洞泵送至钻设的孔口位置。

(5)自中层平洞底板向下层溶洞空腔钻孔。共计布设 4 个ϕ 150 mm@ 2 m 的钻孔,浇筑时互为备用,并指定孔深较浅的孔为排气孔。考虑入仓需要,设定孔倾角为 4°。

(6)第二层及其后各层浇筑层厚的控制采取限制方量的方式进行。根据溶洞空腔断面情况,提前计算相应层高高程范围内的浇筑方量,达到计算量后即停止浇筑,等待确定的时间间隔后进行下一层自密实混凝土充填。K_6 溶洞空腔充填分期浇筑情况如图 6-18 所示。

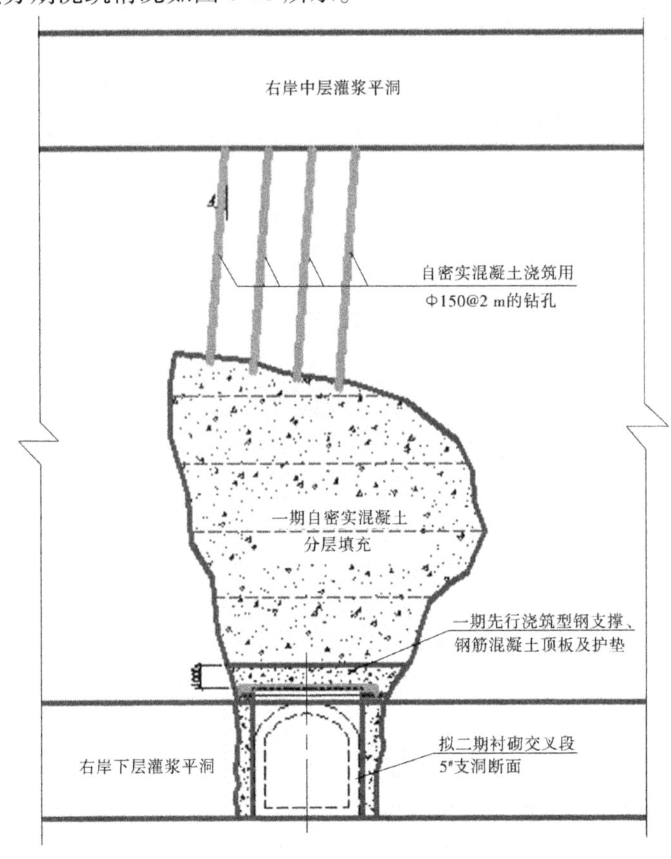

图 6-18　右岸 K_6 溶洞空型自密实混凝土分期浇筑示意图

(7)最后一层自密实混凝土充填以钻设的各孔均不能下料为止，并将各孔全面封堵收平。

6.4.2.5 K_8 溶洞自密实混凝土浇筑方案

K_8 溶洞空腔大部分发育在灌浆平洞的上游，为斜层状顺层发育，其高程主要位于右岸下层灌浆平洞与中层灌浆平洞之间。K_8 溶洞自密实混凝土充填与 K_6 所不同之处主要为：采取自上层、中层灌浆平洞按一定断面布置钻孔的方式进行自密实混凝土灌注，灌注时根据孔位所指向的充填部位自下而上按次序浇筑充填。其主要施工程序如下：

(1)根据设计要求完成溶洞范围内的基础处理，并先期完成溶洞空腔下部灌浆平洞的衬砌及底部封堵。

(2)根据实地测量资料布设自密实混凝土灌注孔，钻孔按照一定间排距及充填控制的高程系统性布置，尽量能够将溶洞范围覆盖完全。钻孔采用地质钻机，孔径为 150 mm，同混凝土泵管直径。自密实混凝土空腔充填布孔及钻孔示意图分别如图 6-19、图 6-20 所示。

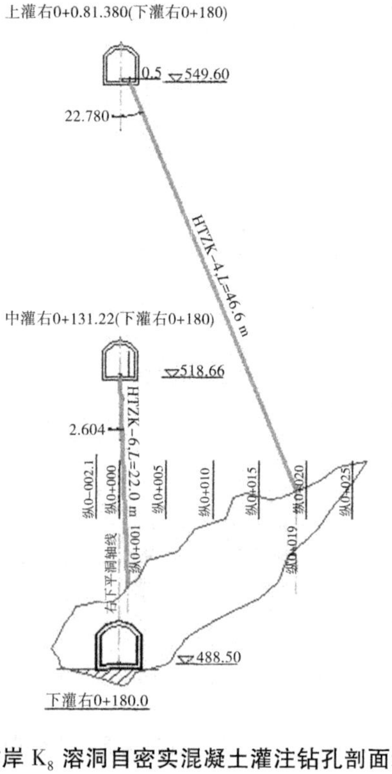

图 6-19　右岸 K_8 溶洞自密实混凝土灌注钻孔剖面示意图

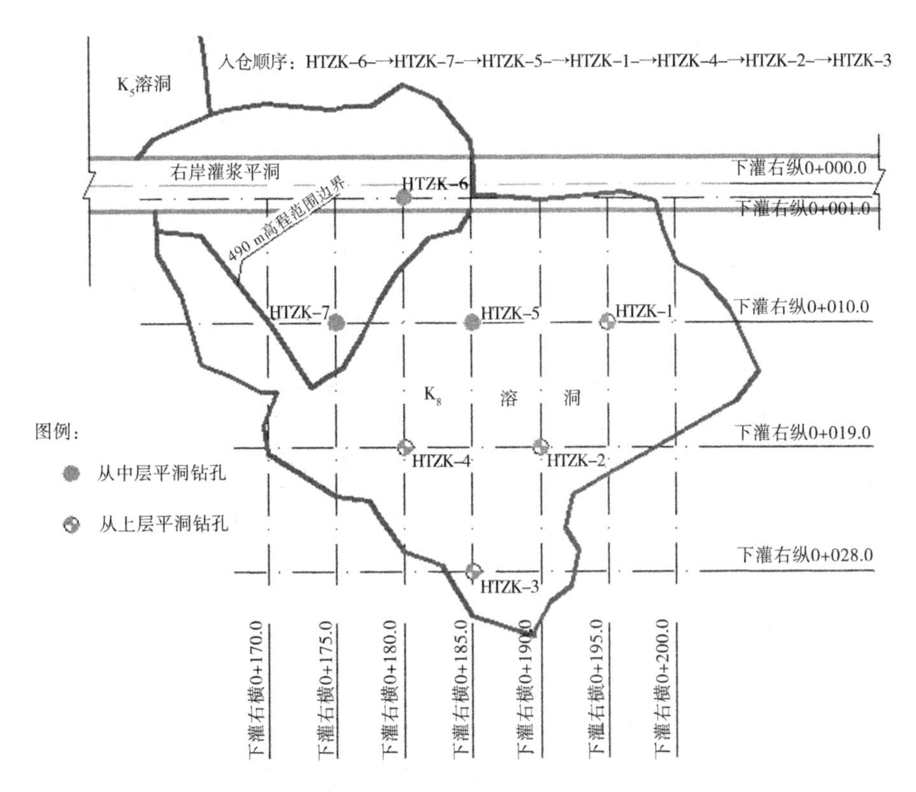

图 6-20　右岸 K_8 溶洞自密实混凝土灌注钻孔平面布置示意图

(3)按照事先拟定的灌注顺序，分别自右岸中层灌浆平洞与上层灌浆平洞架设混凝土泵，逐孔泵送进行自密实混凝土浇筑充填。

(4)溶洞空腔充填完成后，在进行溶洞固结灌浆时进行钻孔及压水试验检查。

6.4.2.6　自密实混凝土施工的质量控制

(1)自密实混凝土的拌制施工严格按照下列要求进行：

①各种固体原材料的计量均应按质(重)量计，允许偏差应符合表 6-21 的规定。

表 6-21　自密实混凝土原材料计量允许偏差　(%)

序号	原材料品种	水泥	骨料	水	外加剂	掺合料
1	每盘计量允许偏差	±2	±3	±1	±1	±2
2	累计计量允许偏差	±1	±2	±1	±1	±1

②生产过程中应测定骨料的含水率,每一个工作班应不少于2次。当含水率有显著变化时,应增加测定次数,并依据检测结果及时调整用水量及骨料用量,不得随意改变配合比。自密实混凝土与生产普通混凝土相比应适当延长搅拌时间。

③自密实混凝土配合比使用过程中,应根据原材料的变化或专用自密实混凝土质量动态信息及时进行调整。在混凝土拌和生产中,应定期对混凝土拌和物的均匀性、拌和时间和称量衡器的精度进行检验,如发现问题,应立即处理。

④自密实混凝土的工作性能可采用坍落扩展度试验、V漏斗试验检测,其指标应符合表6-22的要求。

表6-22　自密实混凝土自密实性能指标

检测项目	合格指标
坍落度(mm)	250~280
坍落扩展度(mm)	600~750
V漏斗通过时间(s)	4~20

(2)自密实混凝土可采用泵送、挖掘机挖斗、溜槽及吊罐等方式入仓;浇筑自密实混凝土时,严禁在仓内加水。如发现混凝土和易性较差,应采取加强措施(如添加外加剂、重新拌和等),以保证质量。

(3)自密实混凝土的浇筑入仓温度不宜超过28℃;采用泵送(或溜槽)时应保证浇筑的连续性,不得中断,如不可避免地出现中断,中断间隔时间不得超过45 min,否则应对出机的自密实混凝土做处理,在未处理前不得再次入仓。

(4)中雨以上的雨天或溶洞水流较大的情况下,不得新开混凝土浇筑仓面,在小雨天气及溶洞水较小的情况下进行浇筑时,应采取下列措施:适当减少混凝土拌和用水量和出机口混凝土的坍落度,必要时应适当缩小混凝土的水胶比;加强仓内排水和防止周围雨水流入仓内;做好新浇筑混凝土面尤其是接头部位的保护工作。

6.4.2.7　自密实混凝土充填效果验证

在溶洞自密实混凝土充填后,在后续进行的深孔固结灌浆施工造孔过程中,从钻孔记录均反映出自密实混凝土充填密实,效果良好。以K_6溶洞为例,其钻孔检查及压水试验的主要成果如下：

K_6 溶洞深孔固结灌浆检查孔 7 个，压水 50 段，压水透水率值区间为 0.66~4.2 Lu，符合设计要求 $q \leqslant 5$ Lu。通过声波 CT 探测，检查孔的声波平均波速 3 050 m/s，大于 2 200 m/s（设计要求值），波速小于 1 800 m/s 的测点与区域在剖面上分布分散，不集中。

两溶洞的检查结果反映出，自密实混凝土充填后的固结灌浆施工满足设计及相关规范要求。

6.4.3　K_6 溶洞下层空腔处理施工中的安全防护措施

K_6 溶洞下层空腔，工作面狭窄，但空腔高度较大，施工过程中安全隐患较为突出，通过采取了一系列的安全防护措施，保障了施工全过程的安全。

6.4.3.1　K_6 溶洞空腔安全防护措施规划

根据 K_6 溶洞空腔处理的设计要求及施工顺序，对溶洞空腔的安全防护措施按不同施工阶段进行规划：

（1）溶洞空腔开挖揭示前期，利用初揭示时的爆渣及塌落堆积物距洞顶相对较低的条件，先期对溶洞顶部进行喷射素混凝土进行封闭，防止洞顶掉块。

（2）溶洞空腔内清渣时，在顶拱喷素混凝土封闭后，对爆渣及塌落堆积物部分清理后，在距洞顶不超过 2.5 m 高处架设型钢防护棚，保护下部开挖施工人员及清挖设备的安全；同时选用合适型号的反铲挖掘机，以探挖的方式先行集渣后撤出洞外，再由装载机出渣，并照此循环，直至清除全部堆渣。

（3）溶洞充填物向上游清挖至大块残留岩块出露时，采取人工在型钢防护棚顶部采用高压水自上而下冲洗岩块缝隙及边缘，促使岩块滑落的方法，对空腔上游掌子面进行危石清除。

（4）在右岸下层灌浆平洞穿越 K_6 溶洞新洞口及后续洞段掘进时，由于 K_6 溶洞上游掌子面上有成片水流外渗，无法进行喷射混凝土封闭，首先在距上游掌子面约 1.5 m 处采用袋装土堆码形成防护墙，以阻挡掌子面因渗水而滑落的泥块及石子；其次在已完成衬砌的右下平洞内距新开洞口约 20 m 处增设挡渣墙及挡渣网，保护已成洞内的灌浆作业。

（5）在右岸下层灌浆平洞与 K_5 溶洞贯通后，由于后续的混凝土施工衬砌耗时长，K_6 溶洞与下层平洞交叉段钢筋、模板施工工艺复杂，施工人员需长时期经过或处在 K_6 溶洞空腔内作业，采取对 K_6 溶洞进行混凝土分期浇筑的方案，一期先采取直立墙壁架设钢梁浇筑防护顶板的方式完成结构衬砌混凝土边线以外部分的防护，二期在周边混凝土防护下进行结构衬砌形成灌浆廊道断面。

其中溶洞内架设型钢防护钢棚及空腔分期浇筑的防护措施相对较为典型。

6.4.3.2　K_6 **溶洞开挖阶段空腔内安全防护钢棚架设**

为切实保障后续施工人员、设备的安全，在对溶洞空腔岩面进行必要的锚喷支护后，利用溶洞两侧边壁架设型钢防护棚，以使溶洞的清挖及后续作业在防护钢棚的保护下进行作业。防护钢棚的架设距洞顶高差需加以控制，一方面需考虑掉落石块的冲击毁坏，另一方面可保证人员能适时攀爬至棚顶进行洞顶安全巡查与作业。施工中按距溶洞顶板约不超过 2.5 m 设置，并向 5[#] 支洞较好围岩方向倾斜，也可便于对洞顶掉块的清除。

空腔岩面喷射混凝土封闭后，利用装载机及反铲对溶洞内堆渣进行部分清理及平整后，在堆渣上搭设施工脚手架架设防护钢棚。防护钢棚架设具体参数如下：

（1）安全防护钢棚随溶洞发育形状架设，长约 18 m，棚顶设成约 15%的纵向坡，距洞顶 1.5～2.5 m，钢棚两端固定在溶洞两侧壁上，悬空架设。

（2）防护钢棚骨架全部采用 I14 工字钢焊接拼装形成，单榀主梁跨度 10～12 m，下部焊接型钢“八”字支撑，支点分别位于梁两端各约 1/3 处；各榀钢骨架纵向榀间距设为 1 m，并采用Φ 22@ 60 cm 的钢筋进行纵向连接，见图 6-21。

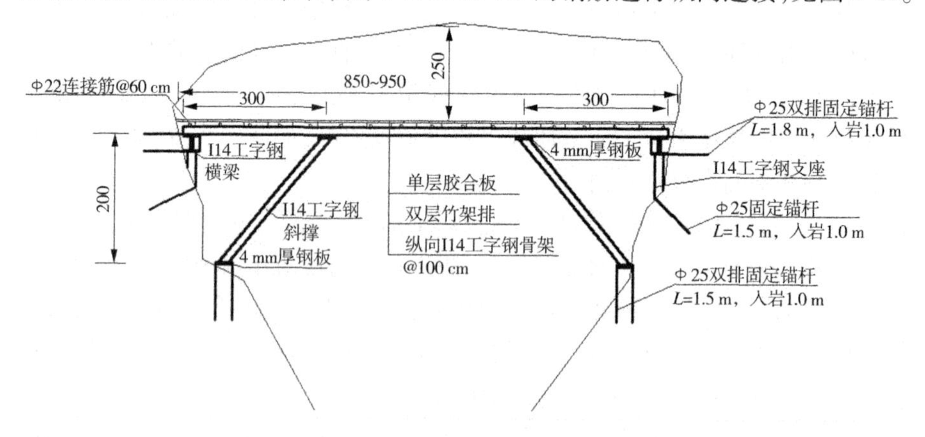

图 6-21　K_6 溶洞型钢防护棚剖面示意图

(3)钢骨架两端的主梁支座主要采用带弯钩的上下双锚杆抱紧 I14 工字钢的形式，将型钢固定在岩壁上形成，锚杆主要采用 $L=2.5$ m、Φ 25 钢筋加工制作，入岩 2 m，每对锚杆纵向间距 60~80 cm，现场依照溶洞岩壁发育情况调整；对于钢骨架梁下部斜撑的支座，则主要用Φ 25 锚杆进行固定。

(4)对于沿 5# 支洞向右侧岩壁，因其溶蚀发育较严重，部分洞段岩壁不适于安装锚杆，则依溶洞内地形，在洞壁偏上部的岩石小平台上竖向安装锚杆，固定焊接纵向钢桁架的形式形成支座，桁架柱间距 1 m，与型钢骨架梁相对应，柱高依实际地形确定，柱间设型钢斜撑，见图 6-22。

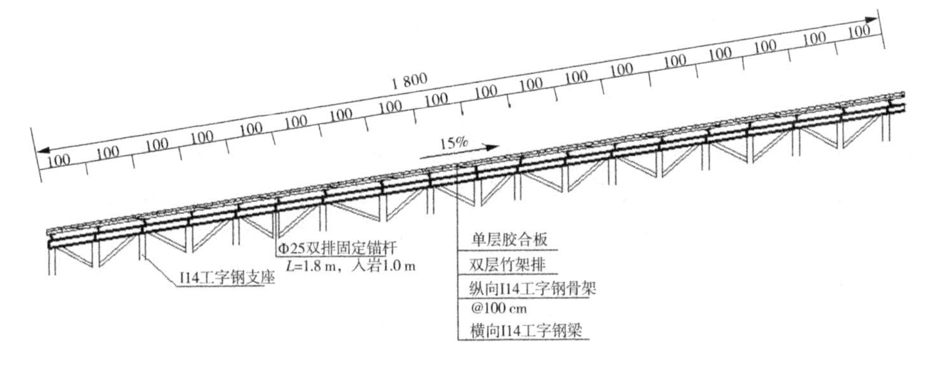

图 6-22　K_6 溶洞型钢防护棚右侧支座剖面示意图

(5)由于洞壁两侧极不规则，部分区域工字钢梁与岩壁间距离较大，致使固定锚杆悬空部分过长，则在其下方随机增设 I14 工字钢立柱，立柱上部与纵向支座梁焊接，下方采用Φ 25 锚杆固定在突出的岩体上。

(6)钢骨架顶部铺设双层竹架排+单层胶合板，为便于安全防护棚的维护，I14 工字钢、竹架排、竹胶板彼此之间采用 12# 铅丝+Φ 14 钢筋双股绑扎，利用钢筋形成竹胶板上的防滑条。

(7)防护钢棚随溶洞空腔清挖掌子面的掘进向前延伸。

(8)空腔清挖过程中现场安排专职安全巡查人员，不间断全方位地巡查、排查，包括适时至防护棚顶监控、巡查，如发现整体裂缝、滑动和其他不安全迹象时，应立即停止施工，并迅速撤离所有施工人员，以有监控地在溶洞内进行施工处理。

6.4.3.3　K_6 溶洞下层空腔衬砌阶段的安全防护

由于衬砌施工需要人员较多且作业时间长，如不采取有效的安全防护措施，在溶洞空腔内的施工存在造成群体性伤亡事故的可能。为此，经充分讨论分析，确定了对溶洞空腔进行先期快速衬砌封闭、二期再进行结构性衬砌的分期浇筑方案。

1.溶洞空腔一期衬砌封闭方案设计思路分析

对先期的混凝土衬砌封闭,其施工特点主要体现在“快速、便捷”上。通过对混凝土工序的分解,影响其施工速度主要在于基岩面清理、钢筋制安、模板制安三方面。

对于基岩面清理,采取调整施工顺序的方法,先直接进行两侧衬砌边壁基础的清理,待边壁顶板衬砌形成安全封闭体后,再进行底板清理浇筑。这样将清理分为两部分的方案,可大大缩短混凝土一期衬砌前的清基时间。

对于一期混凝土衬砌的钢筋制安,因该衬砌为结构外的混凝土充填部分,确定方案时仅考虑必要的少量钢筋制安,使其对施工速度的影响几可忽略。

对于一期混凝土浇筑时的模板制安,在方案制订时尽可能选取简化浇筑断面,减少辅助作业的脚手架搭设量,简化模板支立形式。即采取方形洞衬砌断面,引入预设钢梁,在两侧直立边墙浇筑后通过架设钢梁、上铺钢模的方式浇筑顶板混凝土,以避免搭设满堂承重脚手架,缩减施工时间。

同样,上述施工均在前期已搭设的防护钢棚的保护下进行。

2.K_6 溶洞空腔一期衬砌封闭方案主要内容

(1)沿5#施工支洞方向先浇筑一宽×高为5 m×6 m的方形隧洞,其两侧为70 cm厚素混凝土边墙,顶部为1 m厚钢筋混凝土顶板;该部分作为 K_6 溶洞处理施工的一期混凝土,也是对 K_6 溶洞的一期支护,见图6-23。

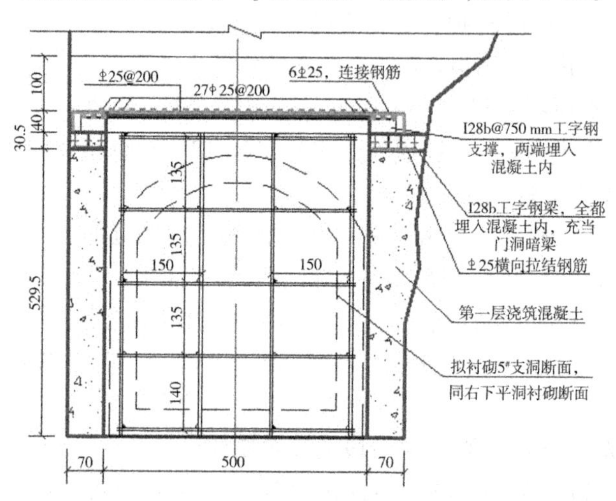

图6-23 K_6 溶洞空腔封堵一期衬砌断面图(Ⅱ—Ⅱ)

(2)混凝土顶板浇筑埋设工字钢梁,I28b 工字钢梁间距 750 mm,沿右下平洞轴线方向设置,上部铺设小型钢模板,见图 6-24;浇筑后,为保证上部能够继续施工,工字钢梁及钢模板均不作拆除,后期可将其浇筑于二期衬砌混凝土内。

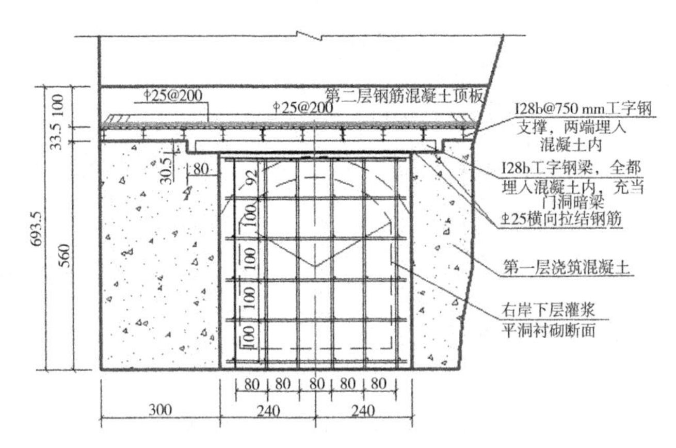

图 6-24 K_6 溶洞空腔封堵一期衬砌过平洞顶断面图(Ⅰ—Ⅰ)

(3)两边墙过右下平洞顶部处设暗梁,暗梁采用混凝土内埋设 I28b 型钢的方式,不再考虑配筋;两边墙均直接与空腔上游掌子面相抵。

(4)衬砌顶板混凝土底部设置Φ 25@ 200×200 mm 单层双向钢筋,钢筋保护层为 5 cm,钢筋锚固长度满足 40d。

(5)将 5#施工支洞临近右下平洞端的原设计弧型轴线 D—E—F 段调整为折线形 D—G—H 段,以便于快速立模施工,见图 6-25。

(6)一期混凝土浇筑前,在临近溶洞上游掌子面处预先设置型钢+竹架排护栏。采用 I14 工字钢作立柱,间距 1 m,立柱长 4.5 m,插入下部 1.5 m,外露 3 m;横向采用 ∟100×10 角钢拉结;型钢骨架内密排竹架排挡护,以防止掌子面掉块、流泥涌入作业区。边墙基础清理时,先行完成大面积立模后,局部打开防护围挡,清理后即刻立模浇筑。

6.4.3.4 安全防护效果说明

通过分阶段采取的有效安全防护措施,在 K_6 溶洞空腔处理整个施工期间,未发生一例安全事故。在溶洞空腔清挖期间,防护钢棚有效地阻挡了洞顶约 1 m 块径岩块的掉落,保障了施工人员的安全作业。空腔内衬砌分期进行的方案,在保障施工在安全的环境下作业的同时,也将 K_6 溶洞空腔处理分为上、下两部分作业面,使上部空腔回填得以及时完成,为中层平洞至下层平洞

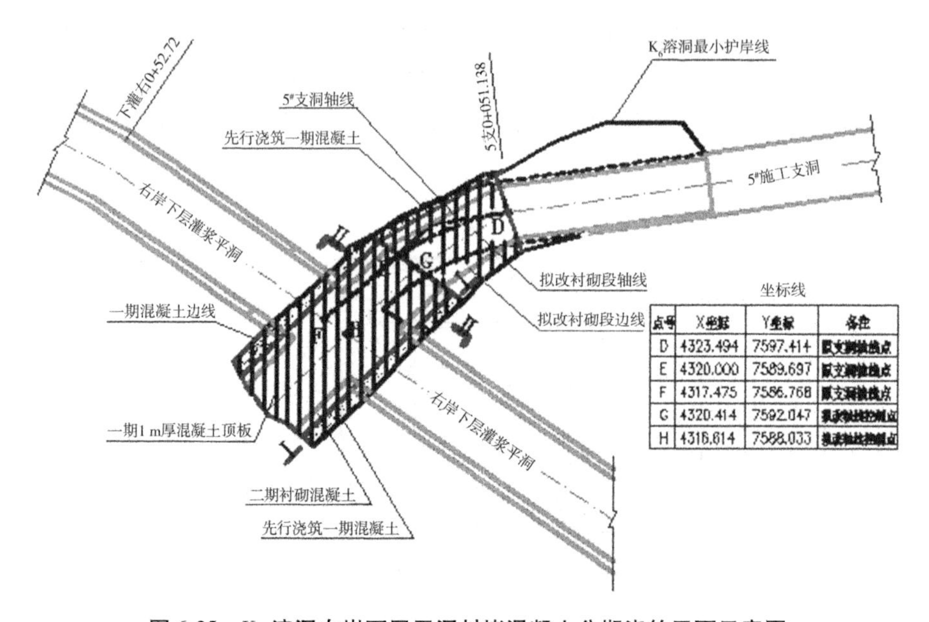

图 6-25　K_6 溶洞右岸下层平洞封堵混凝土分期浇筑平面示意图

间溶洞深孔固结灌浆处理施工及早开始创造了条件,赢得了后续施工的时间。

6.5　溶洞处理效果分析与评价

6.5.1　K_6 溶洞处理效果分析

6.5.1.1　K_6 溶洞处理初期观测成果

1.观测布置及观测成果

变形观测布置见表 6-23 及图 6-26,观测成果见图 6-27。

表 6-23　各测点多点位移计埋设孔深　　　　（单位:m）

编号	孔深 1	孔深 2	孔深 3	高程	说明
M5-1	3	23	43	500	水平
M3-2	3	23	46	513	水平
M3-1	3	19	35	537	水平

注:一般计算公式为 S(变形)= k(最小计数)×ΔF(测量值相对于基准值的变化量)。正、负值表示拉伸与压缩变开,或向坡外(正值)、坡内(负值)变形。

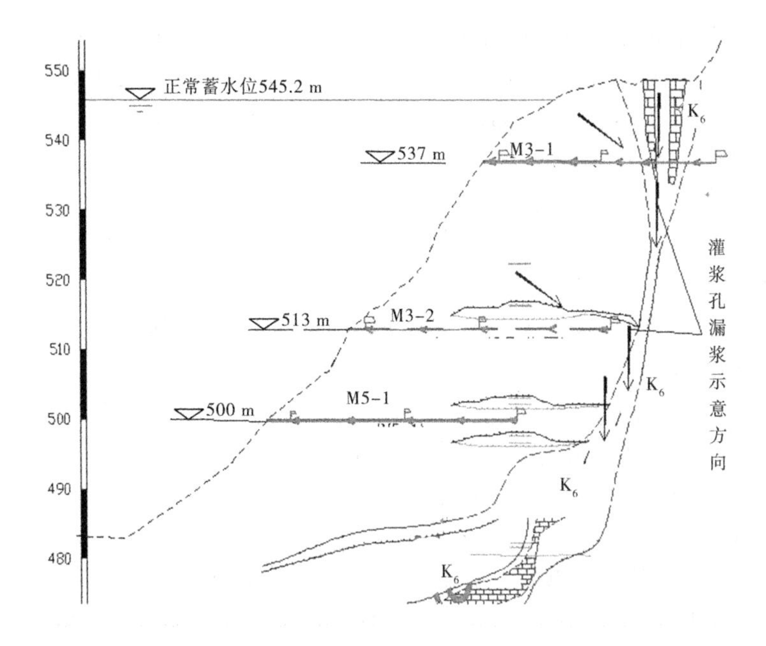

图 6-26 K_6 溶洞及右岸边坡变形观测剖面示意图

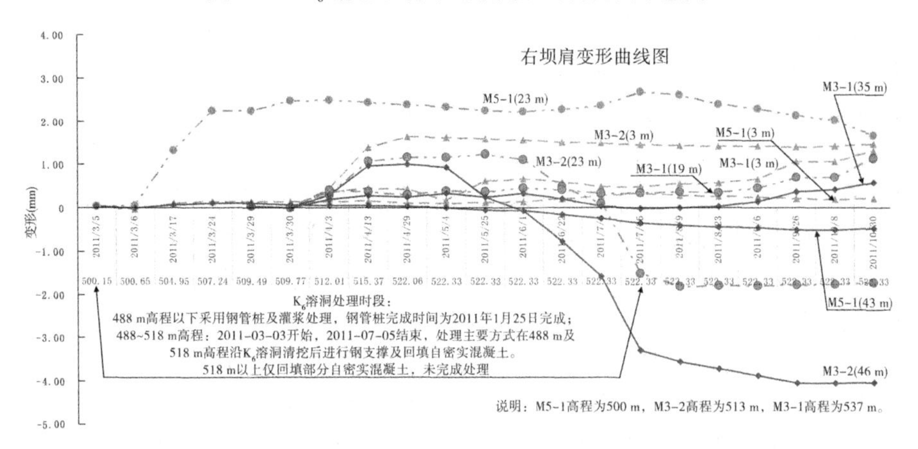

图 6-27 各观测点的多点位移计变形观测曲线

由图 6-27 可知：

(1)500 m 高程(M5-1)的变形区间值为-0.5~+2.70 mm，变形最大值为+2.70 mm，位于孔深 23 m 处，即 K_6 溶洞顶板附近，各点呈现压缩与拉伸变形，但在 K_6 溶洞顶板附近以拉伸变形为主。

(2)513 m 高程(M3-2)的变形区间值为-4.03~+1.64 mm，变形最大值为

-4.03 mm，位于孔深 46 m 处，即 K_6 溶洞顶板附近，各点以压缩变形为主。

（3）537 m 高程（M3-1）的变形区间值为-0.01～+1.32 mm，变形最大值为+1.32 mm，位于孔深 3 m 处，即地表附近，各点以拉伸变形为主。

2.初期变形特征综合分析

1）影响右岸边坡初期变形的主要因素

（1）大坝填筑。大坝填筑高程的不断上升（不断加载）是影响边坡变形的直接因素之一。

（2）K_6 溶洞 521～488 m 高程的施工处理过程中遇到了较大的空洞，对边坡岩体变形也会产生直接影响。

（3）观测期在雨季的降水经右岸坝顶溶洞、溶蚀裂隙等通道向坡内渗透时产生渗水压力，是影响边坡变形的季节性因素。

2）各观测部位变形特征分析（初期）

（1）500 m 高程（M5-1，图 6-27）测点分别布置在孔深 3 m、23 m、43 m，间距 20 m。其变形特征表现为：①近地表岩体变形较小且稳定，变形范围在±0.02 mm，说明岩体完整；②孔深 23 m 测点的变形值为本组最大值，从微压缩变形变成拉伸变形，最大值（2～3 mm）发生在 2011 年 4～7 月，与右下灌浆平洞揭露 K_6 溶洞空洞及清挖的时间相一致，其处理过程中测点出现了局部拉应力并导致拉伸变形，同时降雨也集中在此时段，水流主要集中在该高程并通过 K_6 溶洞向右下平洞 K_6 排出（施工中涌水随降雨增大可以证实），水压力对变形会产生一定影响。随着 K_6 溶洞 521 m 高程以下处理的完成，其变形曲线也“拐头”向下并有向“初始值”接近的趋势，说明 K_6 溶洞处理已初见效果。③孔深 43 m 测点的变形值也相对稳定，主要呈压缩状（-0.5 mm 左右），测点处于强溶蚀区（成孔困难）且距 K_6 溶洞顶板较近，其变形趋势与大坝逐渐升高过程基本一致。

（2）513 m 高程（M3-2）测点分别布置在孔深 3 m、23 m、46 m，间距 20 m 及 23 m。其变形特征表现为：①近地表岩体变形较小且较为稳定，变形范围在+1.5 mm（拉伸或向坡外变形）；②孔深 23 m 与 46 m 测点的变形趋势基本一致，从拉伸变形变成压缩变形，其中孔深 23 m 测点变形区间值为+1～-1.81 mm，孔深 46 m 测点变形区间值+1.01～-4.03 mm，发生变形拐点时段为 2011 年 4 月中下旬至 2011 年 7 月中下旬，同样与右下灌浆平洞揭露 K_6 溶洞空洞时间及处理过程相近，说明随着大坝逐渐上升及清挖的进行，K_6 溶洞顶板产生了较大的压缩变形，且距 K_6 溶洞顶板较近的测点（孔深 46 m）变形最大（累计变形 5.06 mm）。随着 K_6 溶洞 518 m 高程以下处理的完成，其变形也逐渐趋于稳定,同样也能说明 K_6 溶洞处理已初见效果。

(3)537 m 高程(M3-1)测点分别布置在孔深 3 m、19 m、35 m,间距 16 m。其变形特点表现为:①各孔深测点的变形趋势基本一致,呈拉伸变形状态;②随着孔深的增加,其变形量逐渐减小;③由于 M3-1 多点位移计位置高于目前的大坝高程(522 m),边坡呈临空状态,且 K_6 溶洞在此高程未进行处理,故出现了局部拉伸状态。同样说明 K_6 溶洞处理与否会影响右岸边坡的变形特征。

3)变形计算与实测初期变形对比分析

通过分析,M5-1 第 3 测点(最深测点,孔深 43 m)与计算桩号 0+220 相近,具有可比性,并根据 K_6 溶洞的实际处理情况选用工况 4 的计算变形值与实测变形值对比见表 6-24。

表 6-24　变形计算值与实测变形值对比

工况	计算轴向变形(mm)	实际累计最大变形(mm)	说明
工况 4	0.53	0.62	该计算点与测点位于 K_6 溶洞顶部相近高程

由表 6-24 可知,在 K_6 溶洞采用的处理措施及 518 m 高程以下基本处理完成后边坡的实际变形值(溶洞顶板)为 0.62 mm,稍大于工况 4 的计算值 0. 53 mm,说明 K_6 溶洞的初期处理效果是较为明显的。

6.5.1.2　K_6 溶洞处理完成后中后期变形特征分析

1.中后期变形观测成果及分析

从 2011 年 11 月至今,K_6 溶洞变形进入中后期变形阶段,经埋设的 3 套多点位移计监测(见表 6-25 及图 6-28~图 6-30),其观测位移值在右坝肩帷幕灌浆及 K_6 施工期增大;施工结束后,位移值随着时间的增加而增加,但值较小;按照测点深度来看越靠近溶洞空腔的测值变化较大,越远的则越小,符合围岩变形规律。

由表 6-25 和图 6-28~图 6-30 可知,K_6 溶洞初期处理完成后(518 m 高程下处理),右坝肩边坡变形较小且相对稳定。因对 K_6 溶洞 518 m 高程以上进行灌浆处理,特别是溶洞充填物灌浆及溶洞空腔回填灌浆等,引起这些部位的观测值有所增加也是正常的,随着时间的推移,变形观测值也是趋于稳定的,说明 K_6 溶洞采用分期分区且不同处理方法的处理措施是成功的。

表 6-25　K_6 溶洞多点位移计监测成果　　（单位：mm）

测点编号	最大值		最小值		当前值	
	位移	日期（年-月-日）	位移	日期（年-月-日）	位移	日期（年-月-日）
M5-1-1	0.45	2015-03-28	-0.23	2011-05-11	0.45	2015-03-28
M5-1-2	20.04	2013-06-10	-0.02	2011-03-09	19.28	2015-03-28
M5-1-3	0.10	2011-03-14	-0.93	2014-08-11	-0.80	2015-03-28
M3-1-1	3.38	2014-05-10	0	2011-03-30	1.61	2015-03-28
M3-1-2	26.67	2015-03-10	0	2011-03-30	26.51	2015-03-28
M3-1-3	11.94	2014-03-22	-0.01	2011-07-20	11.68	2015-03-28
M3-2-1	1.71	2014-11-05	0	2011-03-30	1.67	2015-03-28
M3-2-2	1.25	2011-05-11	-2.42	2014-12-15	-2.39	2015-03-28
M3-2-3	1.01	2011-04-27	-4.05	2011-09-18	-3.52	2015-03-28

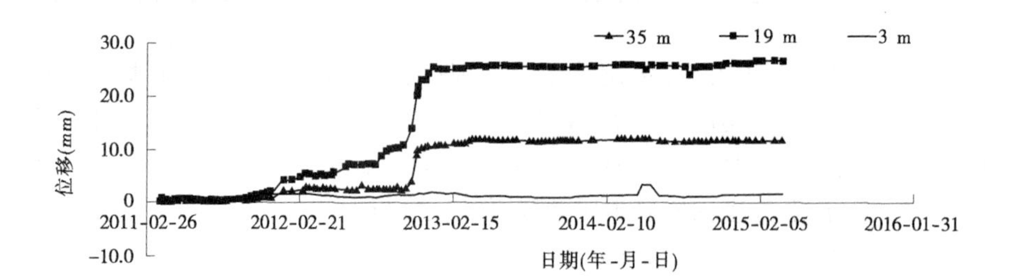

图 6-28　多点位移计 M3-1 累计位移时程曲线

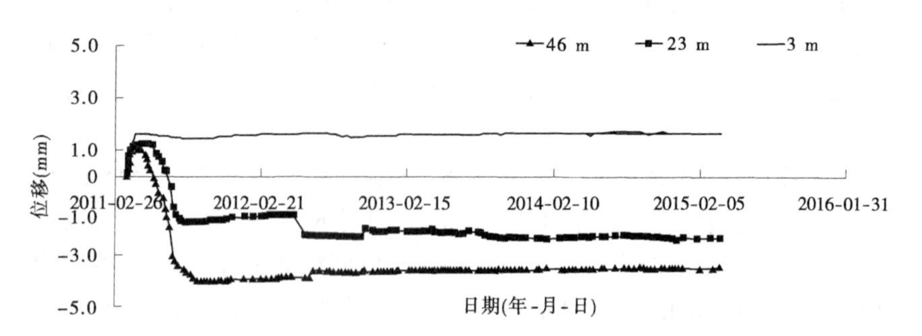

图 6-29　多点位移计 M3-2 累计位移时程曲线

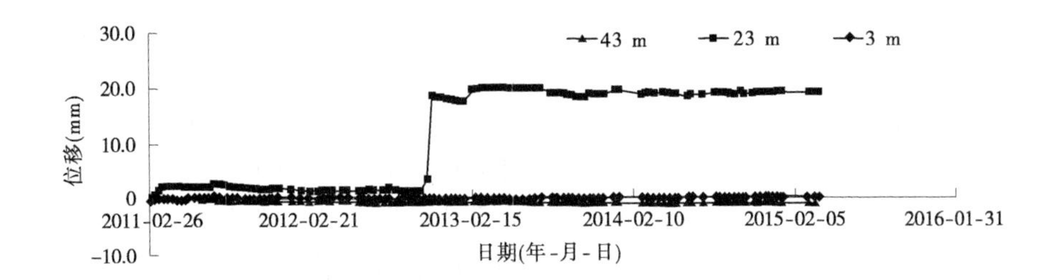

图 6-30　多点位移计 M5-1 累计位移时程曲线

2.K_6 溶洞灌浆效果分析

K_6 溶洞在上、中、下三个部位布置了深孔固结灌浆，经钻孔检查（包括压水试验及物探检测），满足设计要求。

1）压水试验检查

灌浆完成后布置了检查孔 38 个，透水率在 0.66~4.2 Lu，透水率满足设计要求（$q \leqslant 5$ Lu）。

2）物探大功率声波 CT 及钻孔摄像检测

（1）大功率声波 CT 检查。右岸 K_6 溶洞处理分为多个阶段，最后一期检测在 2012 年 10 月进行。右岸上层 K_6 溶洞区域通过声波 CT 探测该区域最高波速 5 500 m/s，最低波速 1 600 m/s，平均波速 3 170 m/s。该区域整体上属于 K_6 溶洞系统区域，岩石与溶洞充填物混杂，平均波速 3 170 m/s，大于岩溶充填区域的一般波速质量标准 2 200 m/s。本次探测剖面面积为 415 m^2，其中波速小于 1 800 m/s 的区域面积约 11 m^2，占剖面总面积的 2.7%，小于 5%的质量控制标准。波速小于 1 800 m/s 的区域分布分散，不集中。在右岸中层 K_6 溶洞部位通过声波 CT 探测该区域最高波速 5 500 m/s，最低波速 1 600 m/s，平均波速 3 050 m/s。该区域整体上属于 K_6 溶洞系统区域，岩石与溶洞充填物混杂，平均波速 3 050 m/s，大于岩溶充填区域的一般波速质量标准 2 200 m/s。本次探测剖面面积为 555 m^2，其中波速小于 1 800 m/s 的区域面积约 24 m^2，占剖面总面积的 4.3%，小于 5%的质量控制标准。波速小于 1 800 m/s 的区域呈分散状。

（2）钻孔摄像检查。右岸 K_6 溶洞处理区域处理前，溶洞主要表现为局部空腔及黏土、砂质黏土充填。处理后经过 2 个检查孔的孔内摄像检测发现溶洞区域基本被水泥浆液充填，未发现明显空腔。

6.5.2 K_5 溶洞处理效果分析

K_5 溶洞主要安装了多点位移计、渗压计、测缝计、锚杆应力计等监测设备。多点位移计埋设在边壁以及顶拱,用于监测洞身围岩的变形;测缝计用来监测防渗墙与洞身接触的开合度;渗压计埋设在防渗墙基础,用于监测防渗墙的渗流情况;锚杆应力计安装在 B4 边壁上,用于监测锚杆的应力分布。

6.5.2.1 变形监测成果及分析

1. 多点位移计

K_5 溶洞埋设了 5 套三点式多点位移计。一期埋设的仪器已经投入运行;二期埋设的仪器由于时间较短,有效数据较少,此处不做具体分析;但从目前的观测结果来看,其变化比较平稳,无明显突变现象。一期埋设的多点位移计其监测成果见表 6-26,其监测时程曲线见图 6-31、图 6-32。

表 6-26 K_5 溶洞多点位移计监测成果 (单位:mm)

测点编号	最大值		最小值		当前值	
	位移	日期(年-月-日)	位移	日期(年-月-日)	位移	日期(年-月-日)
M3-4-1	0.05	2014-01-09	-0.30	2014-12-08	-0.21	2015-03-25
M3-4-2	0.39	2015-03-25	-0.06	2013-04-20	0.39	2015-03-25
M3-4-3	0.23	2014-04-20	-0.21	2014-11-25	-0.03	2015-03-25
M3-5-1	1.26	2014-08-11	0	2013-01-08	1.08	2015-03-25
M3-5-2	1.32	2015-03-25	0	2013-01-08	1.32	2015-03-25
M3-5-3	3.32	2015-03-12	0	2013-01-08	3.32	2015-03-28

从表 6-26、图 6-31、图 6-32 可见,K_5 溶洞多点位移计变化趋势比较平稳,测值相对较小。基本满足离孔口越远的围岩变化比较明显这一规律。

2. 测缝计

目前最大位移量为 2.47 mm,典型过程线见图 6-33 ~ 图 6-36。从过程线上来看,接缝开度与温度成负相关性,即温度升高,位移值减小;反之亦成立。

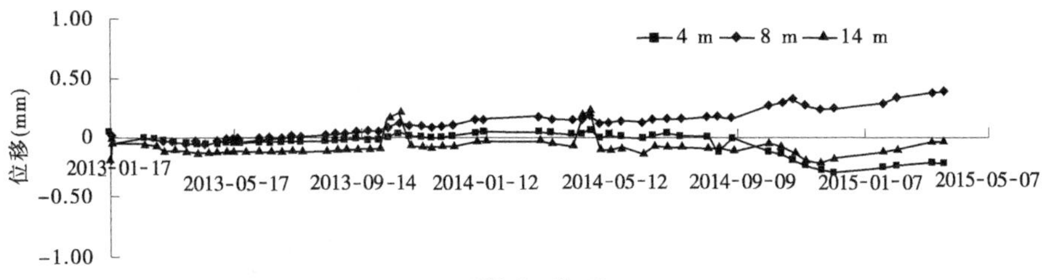

图 6-31　多点位移计 M3-4 累计位移时程曲线

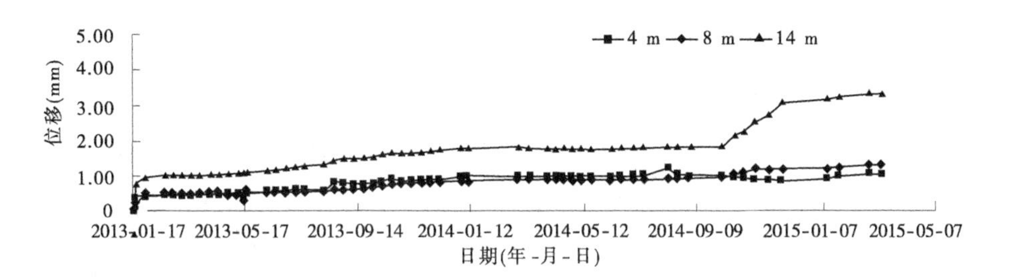

图 6-32　多点位移计 M3-5 累计位移时程曲线

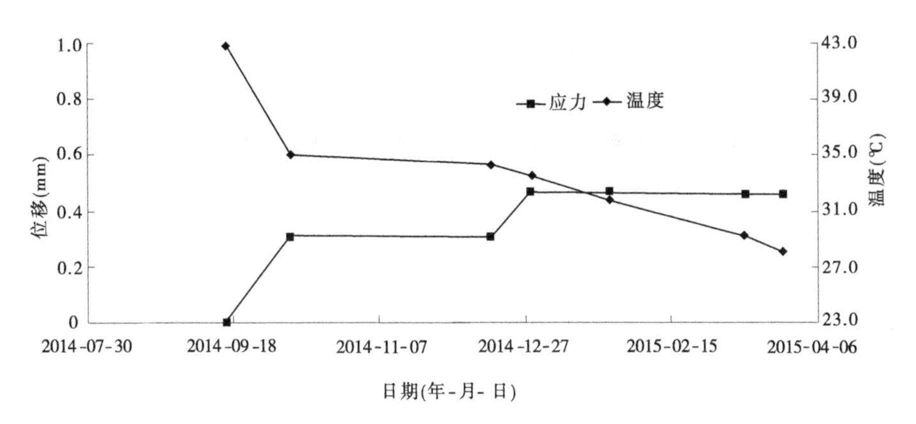

图 6-33　双向测缝计 JD1-1(水平进向)累计位移时程曲线

6.5.2.2　渗流监测

K_5 防渗墙基础渗压计布置在 3 个位置，现以 0+136 断面为典型断面做具体分析，过程曲线见图 6-37、图 6-38。

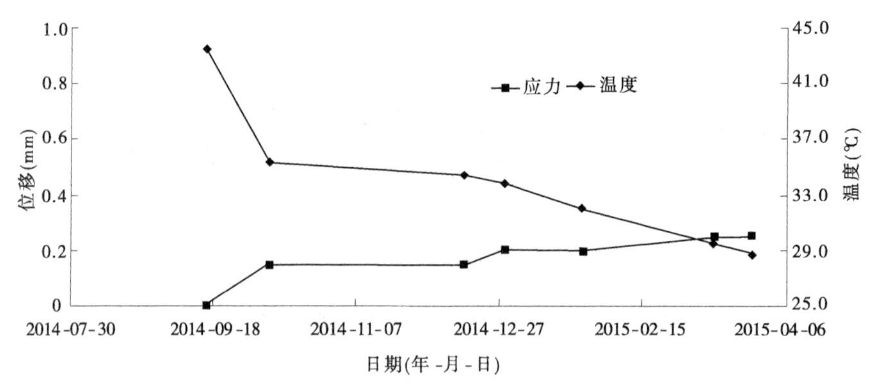

图 6-34 双向测缝计 JD1－2(竖直向)累计位移时程曲线

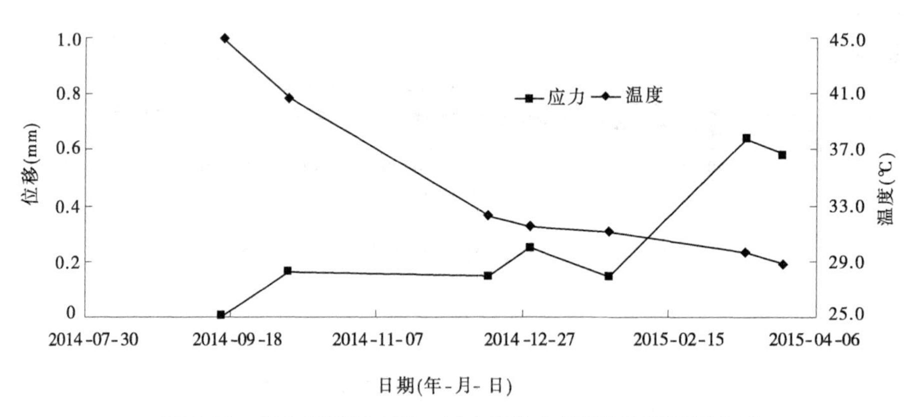

图 6-35 双向测缝计 JD2－1(水平进向)累计位移时程曲线

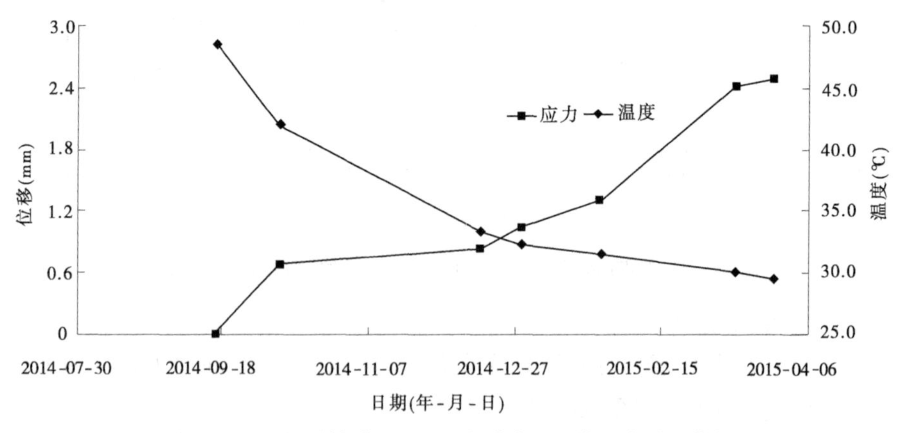

图 6-36 双向测缝计 JD2－2(竖直向)累计位移时程曲线

由图 6-37、图 6-38 可见，目前底部渗压计压力为 0.34 ~ 0.56 MPa，浅孔渗压计的压力为 0.22 ~ 0.3 MPa；上游侧的压力要高于轴线与下游侧的压力。

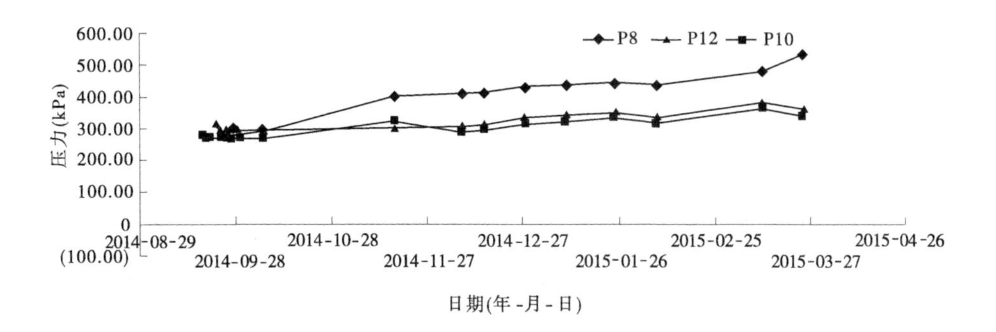

图 6-37　深孔渗压计时程曲线

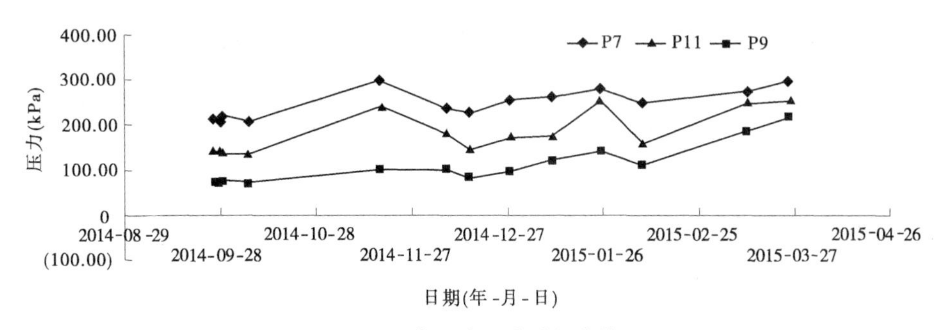

图 6-38　浅孔渗压计时程曲线

6.5.2.3　应力监测成果分析

K_5 溶洞锚杆应力计主要分布在两个部位，仪器埋设分为两个时间段。一期仪器检测成果见表 6-27，典型过程见图 6-39、图 6-40；二期仪器典型过程线见图 6-41 ~ 图 6-43。

一期埋设的锚杆应力计从表 6-27、图 6-39、图 6-40 可见：①离孔口较远的传感器的测值比孔口附近的要大；②与温度成负相关性。

二期埋设的锚杆应力计从图 6-41 ~ 图 6-43 可知，测值有明显的增大；鉴于目前的监测数据较少，不能客观准确地分析其真正原因；但我们认为可能与土建单位正在此处作业有关。

表 6-27　K_5 溶洞顶拱锚杆应力监测成果　（单位：应力，kN；温度，℃）

仪器编号	最大值			最小值			当前值		
	应力	温度	出现日期（年-月-日）	应力	温度	出现日期（年-月-日）	应力	温度	日期（年-月-日）
R1－1	1.90	17.1	2013-01-20	－2.54	22.1	2015-01-25	－1.08	19.0	2015-03-25
R1－2	0.26	16.9	2012-10-30	－1.20	22.3	2014-10-07	－1.16	20.5	2015-03-25
R2－1	2.31	16.8	2013-02-20	－2.42	22.5	2015-02-07	－1.84	19.4	2015-03-25
R2－2	1.53	18.1	2013-01-30	－2.63	21.9	2015-02-07	－2.50	18.6	2015-03-25
R3－1	14.9	17.0	2013-02-20	－2.15	20.5	2014-10-07	4.11	20.2	2015-03-25
R3－2	2.73	19.6	2013-11-20	－1.85	19.7	2014-05-20	0.68	20.9	2015-03-25
R4－1	5.03	19.4	2014-08-11	－0.90	19.4	2014-11-29	－0.30	19.0	2015-03-25
R4－2	0.54	17.2	2013-03-10	－1.15	20.3	2015-02-07	－1.05	19.7	2015-03-25

注："＋"表示受拉，"－"表示受压。

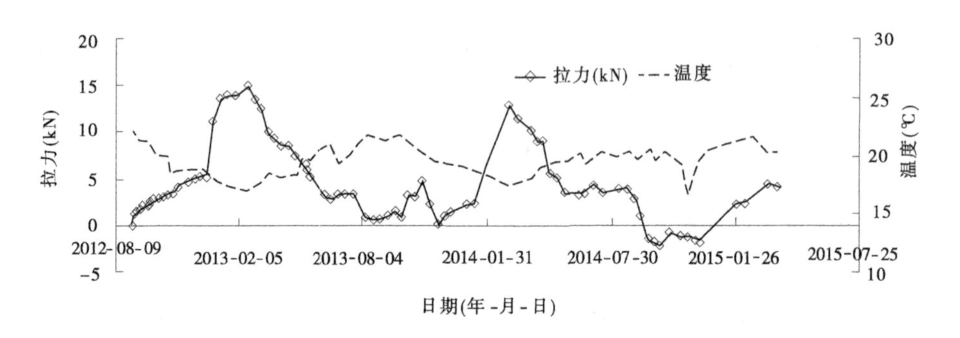

图 6-39　K_5 溶洞顶拱锚杆应力计 R3－1 时间序列过程线

通过前述分析，认为：

（1）溶洞顶拱锚杆应力计测值符合围岩一般变形规律，且现阶段各测值无明显突变现场，也说明溶洞顶拱区域现阶段是稳定的。

（2）溶洞 B4 边壁（溶洞上游边，迎水面）锚杆应力计测值比较大，与灌浆施工有较大关联。

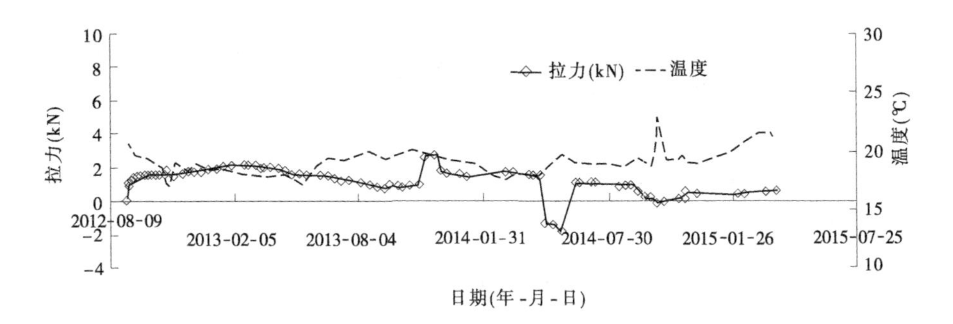

图6-40　K_5 溶洞顶拱锚杆应力计 R3－2 时间序列过程线

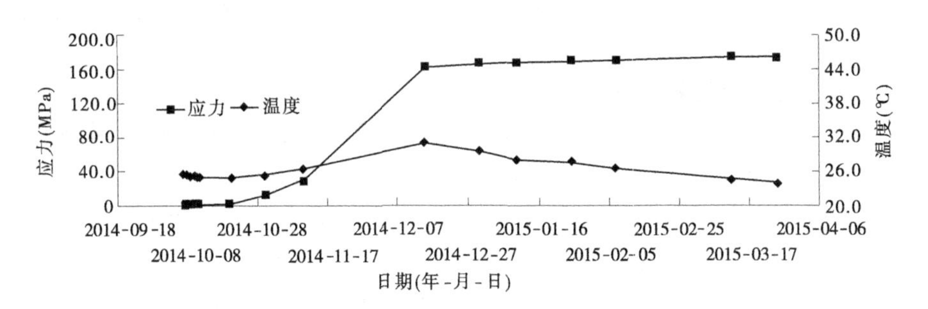

图6-41　K_5 溶洞 B4 边壁锚杆应力计 R4－2 时间序列过程线

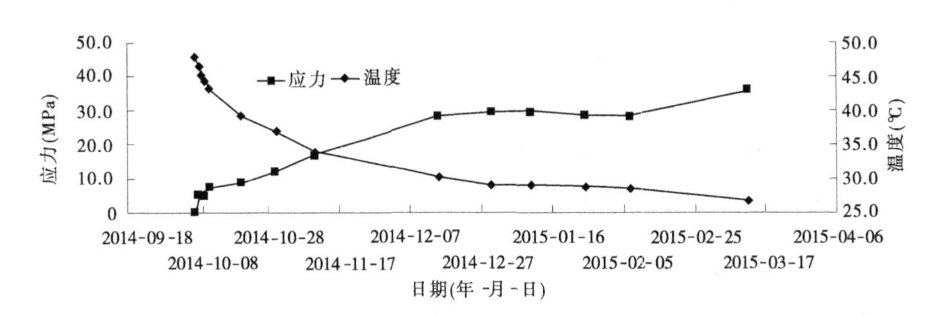

图6-42　K_5 溶洞 B4 边壁锚杆应力计 R8－2 时间序列过程线

(3)溶洞多点位移计测值较小,变化趋势平稳,无明显突变现象,说明溶洞顶板及边壁现阶段也是稳定的。

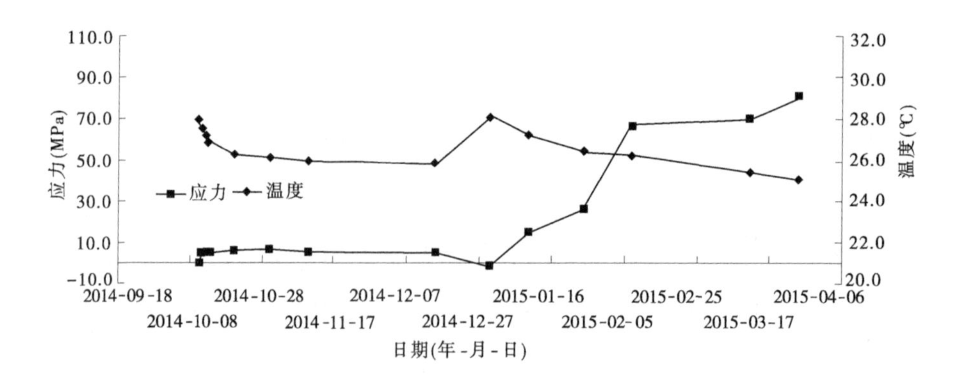

图6-43　K_5 溶洞 B4 边壁锚杆应力计 R13－2 时间序列过程线

(4)防渗墙基础渗压计测值过大,与该部位帷幕灌浆及补强灌浆相关性较高。

6.5.2.4　基础处理效果分析

K_5 溶洞的综合处理:累计完成高压旋喷孔 232 个,钻孔 6 500 m,水泥注入量约 5 232.4 t。累计完成钢管桩 172 根,钻孔 5 207.68 m。

K_5 高压旋喷布置检查孔 7 个,检查项目为单孔取芯抗压强度测试和单孔渗透系数,检查孔的渗透系数在区间 $0.52\times10^{-7}\sim0.77\times10^{-7}$ cm/s,满足设计要求($\leqslant1\times10^{-7}$cm/s),饱和抗压强度:28 d 最小为 2.3 MPa,90 d 最小为 6.5 MPa,满足设计要求(28 d 抗压强度≥1.5 MPa,90 d 抗压强度≥3.5 MPa)。

钢管桩检查孔共 6 个, A 型桩与 B 型桩各 3 根。检查项目为钢管桩承载力试验,A 型桩最大承载力 720 kN,B 型桩最大承载力 1 090 kN,均满足设计要求(A 型桩 360 kN,B 型桩 545 kN)。

6.5.3　K_8 溶洞处理效果分析

6.5.3.1　应力监测成果分析

观测成果见表6-28 及图6-44～图6-49,由表6-28、图6-44～图6-49 可知,靠近孔口的测值较小,随着埋设高程的升高其测值也随之增大。当前测值在－58.65～144.79 MPa;从图6-44～图6-49 可以看出,绝大多数锚杆应力与温度变化成负相关关系;孔底的仪器测值在增加,而孔口位置的仪器趋于稳定。

表 6-28　K_8 溶洞锚杆应力监测成果　　　（单位：应力，MPa；温度，℃）

仪器编号	最大值			最小值			当前值		
	应力	温度	出现日期（年-月-日）	应力	温度	出现日期（年-月-日）	应力	温度	日期
R1 - 1	7.40	15.11	2013-07-07	-15.67	19.23	2015-03-12	-14.61	19.23	2015-03-25
R1 - 2	13.20	17.85	2015-03-25	0	17.25	2013-07-02	13.20	17.85	2015-03-25
R2 - 1	4.58	18.83	2014-12-15	-8.17	21.81	2014-08-11	-5.12	19.34	2015-03-25
R2 - 2	6.20	15.47	2013-08-20	-10.40	18.40	2015-03-25	-10.40	18.40	2015-03-25
R3 - 1	1.11	15.36	2013-07-09	-18.05	19.13	2015-02-07	-16.97	19.13	2015-03-25
R3 - 2	37.47	18.40	2015-03-25	-9.90	15.88	2014-08-11	37.47	18.40	2015-03-25
R4 - 1	55.38	18.49	2015-03-12	-6.19	15.28	2013-07-07	55.36	18.32	2015-03-25
R4 - 2	2.55	18.49	2014-10-20	-5.67	14.26	2013-09-10	-3.19	17.12	2015-03-25
R5 - 1	129.80	18.53	2015-03-25	-20.20	29.39	2014-07-16	129.80	18.53	2015-03-25
R5 - 2	4.40	19.42	2013-07-16	-10.89	22.0	2014-10-20	-8.68	21.95	2015-03-25
R6 - 1	144.79	18.79	2015-03-25	-15.93	30.83	2014-07-16	144.79	18.79	2015-03-25
R6 - 2	9.53	14.89	2013-07-07	-1.88	18.02	2014-07-29	-0.87	17.42	2015-03-25
R7 - 1	22.34	18.36	2015-03-25	-15.49	14.65	2014-07-29	22.34	18.36	2015-03-25
R7 - 2	5.35	15.11	2013-08-09	-7.40	17.89	2014-11-10	-4.20	17.33	2015-03-25
R8 - 1	16.34	19.01	2014-12-28	-21.11	19.01	2014-09-02	14.18	18.71	2015-03-25
R8 - 2	3.07	14.18	2014-01-09	-11.39	19.52	2014-08-11	-3.04	17.50	2015-03-25
R9 - 1	13.04	18.75	2014-12-28	-44.95	24.01	2014-08-20	13.02	18.53	2015-03-25
R9 - 2	4.33	14.90	2013-07-07	-9.64	19.60	2014-07-29	-5.40	17.38	2015-03-25
R10 - 1	88.67	18.19	2015-01-25	-2.30	15.12	2013-07-04	88.65	17.93	2015-03-25
R10 - 2	7.31	15.19	2013-07-05	-1.01	17.07	2015-03-25	-1.01	17.07	2015-03-25
R11 - 1	113.30	18.19	2015-02-07	-4.99	18.49	2014-08-11	113.29	18.06	2015-03-25
R11 - 2	7.57	15.13	2013-07-07	0	16.42	2013-07-02	0.07	17.28	2015-03-25
R12 - 1	67.88	18.19	2015-01-25	-7.96	18.27	2014-08-11	66.85	18.10	2015-03-25
R12 - 2	17.58	16.22	2014-08-11	-68.45	15.24	2014-12-15	-58.65	15.28	2015-03-25

注："+"表示受拉，"-"表示受压。

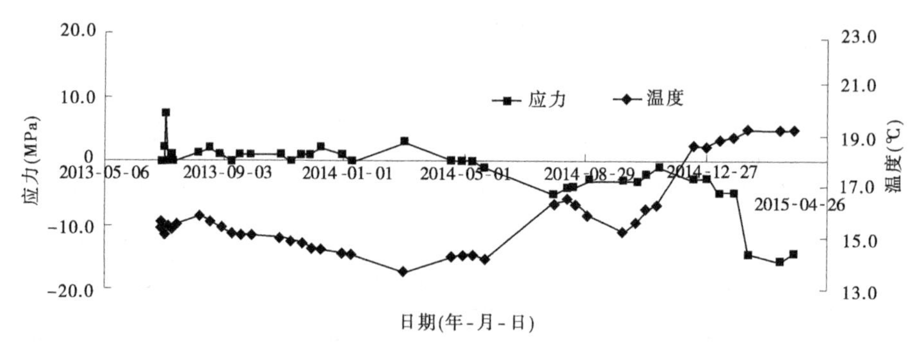

图 6-44　K_8 溶洞锚杆应力计 R1－1 时间序列过程线

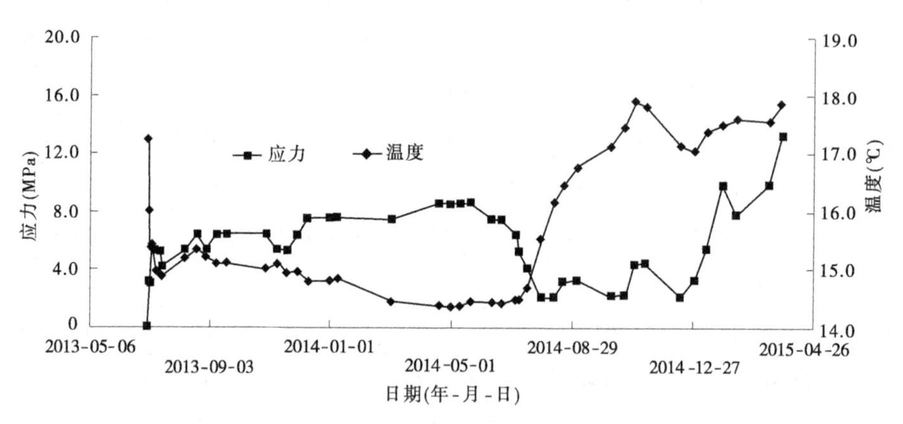

图 6-45　K_8 溶洞锚杆应力计 R1－2 时间序列过程线

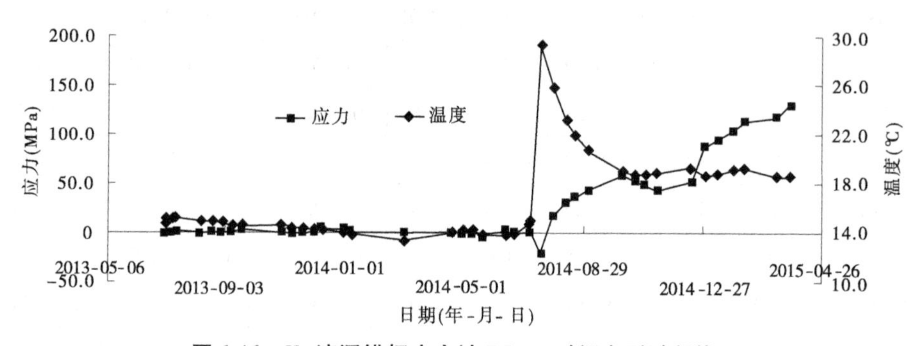

图 6-46　K_8 溶洞锚杆应力计 R5－1 时间序列过程线

6.5.3.2　基础处理效果分析

K_8 溶洞的综合处理：累计完成大坝右岸 488.00 m 高程以下高压旋喷孔 265 个，钻孔 3 029.83 m，水泥注入量约 2 100.65 t；完成大坝右岸 490.00 m

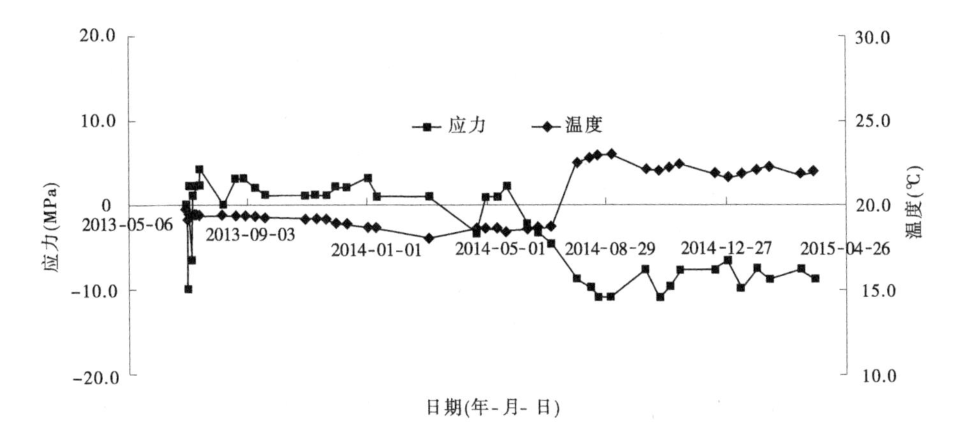

图 6-47　K_8 溶洞锚杆应力计 R5－2 时间序列过程线

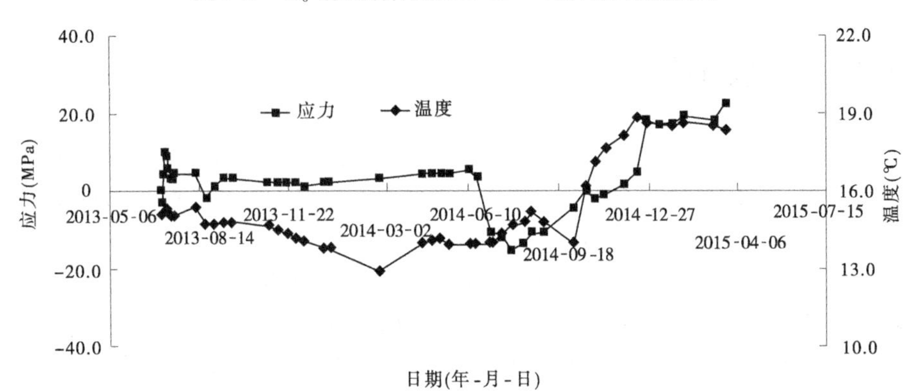

图 6-48　K_8 溶洞锚杆应力计 R7－1 时间序列过程线

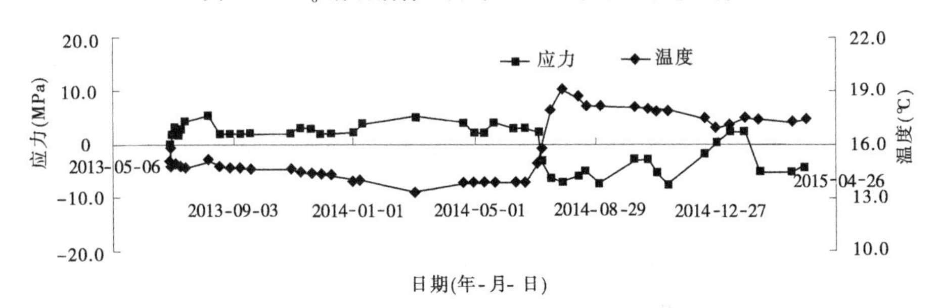

图 6-49　K_8 溶洞锚杆应力计 R7－2 时间序列过程线

高程以下高压旋喷孔 242 个，钻孔 1 650.77 m，水泥注入量约 1 256.7 t。

累计完成大坝右岸 488.00 m 高程以下钢管桩 238 根，钻孔 3 050.7 m，套管深度 3 118.5 m；完成大坝右岸 490.00 m 高程以下钢管桩 142 根，钻孔

1 406.1 m，套管深度 1 429.5 m。

K_8 高压旋喷检查孔 2 个，检查项目为单孔渗透系数，检查孔的渗透系数在区间 $0.18\times10^{-6}\sim0.255\times10^{-6}$ cm/s，符合设计要求 $\leqslant1\times10^{-6}$ cm/s；钢管桩检查孔共 3 个，检查项目为钢管桩承载力试验，根据《建筑基桩检测技术规范》判定，检测桩的单桩竖向抗压承载力特征值均大于 1 090 kN，达到技术要求。单桩设计承载力为 545 kN。

K_8 溶洞补强灌浆累计完成工程量 848.0 m，注入水泥量 36.6 t，灌浆总段数 318 段；平均注入量 0.04 t/m；Ⅰ平均注入量 0.05 t/m，Ⅱ平均注入量 0.03 t/m；Ⅰ平均透水率 4.31 Lu，Ⅱ平均透水率 2.671 Lu。

K_8 溶洞补强灌浆检查共布置 5 个，压水 15 段，透水率为 0.73～3.88 Lu，符合设计标准，设计标准为 $q\leqslant5$ Lu。

6.6 本章小结

（1）通过电导率连续成像（EH4）探查，右岸溶洞的空间发育边界整体上查明，为溶洞处理方案设计、计算分析、施工方案制订提供了依据，也为今后类似工程项目的处理提供了参考。

（2）研究证实，施工采用补充勘察查明右岸溶洞的发育分布特点是有针对性制订溶洞处理方案的基础，隘口水库采用电导率连续成像（EH4）、电磁波 CT 探测、溶洞充填物补充勘察等手段来查明右岸溶洞的发育特点是可行的；利用国内高等院校对右岸溶洞及右坝肩稳定进行分析计算，有利于优化溶洞处理结构。

（3）右岸大型溶洞处理采用“分期分区、不同措施”处理方法是保证施工安全、确保处理效果的关键。

（4）为充分利用溶洞充填物而采用的“高压旋喷”“钢管桩”等工程措施能满足设计要求。

（5）大型溶洞处理合适且可靠的监测布置设计是工程安全的保障。

（6）大型溶洞处理施工采用先进可行的安全支护及设置观测仪器，可以提高整个溶洞处理过程中的施工安全。

（7）采用同心跟管成孔工艺解决了在溶洞充填物中成孔的问题。

（8）通过相关质量检查、各种监测仪器观测证实，右岸溶洞处理效果满足设计要求。

第7章　强岩溶发育区帷幕灌浆设计与施工技术研究

7.1　灌浆设计与优化

7.1.1　电磁波 CT 探查研究

根据研究区的工程地质条件和探测目的，为了节约成本，通过比较，本研究课题利用帷幕灌浆先导孔在研究区进行孔间电磁波 CT 探测，为帷幕灌浆施工及防渗灌浆优化提供技术支持。

7.1.1.1　孔间电磁波 CT 探测原理及要求

1. 工作原理

孔间电磁波 CT 技术基本思想是利用不同地质体对一定频率下的电磁波的能量吸收强弱不同再现地质体异常的电磁波吸收系数图像，它是现代地球物理勘探技术领域最新成果的结晶。电磁波 CT 层析成像的过程和原理见图 7-1。

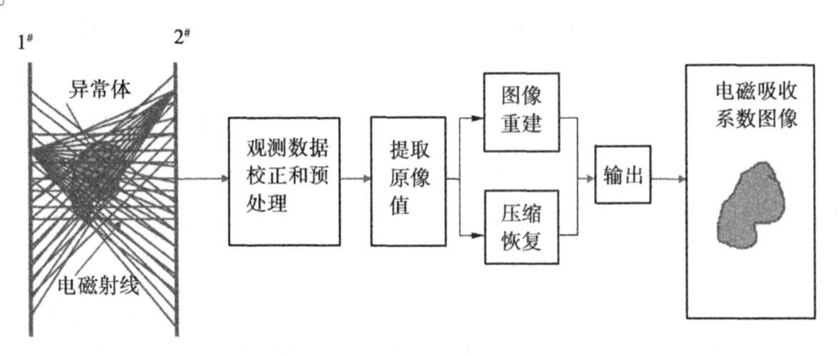

图 7-1　电磁波 CT 工作原理

电磁波 CT 即用无线电波为物理手段对地质体进行成像。其根本出发点是基于惠更斯原理。从麦克斯韦方程组推导出电偶极子场，当电偶极子衍射效应可以忽略，测点与发射点距离足够远时，可以将电偶极子场作为辐射场。在辐射区内，介质中的电磁波传播路径可以用射线来描述。对于配置半波偶极子天线的电磁波仪，其辐射场的场强可表达为：

$$E = \frac{E_0 e^{-\beta R} f(\theta)}{R} \tag{7-1}$$

由式(7-1)可以推导出：

$$\beta = \frac{\ln\left(\frac{E_0}{E}\right) + 2\ln(D) - 3\ln(R)}{R} \tag{7-2}$$

式中 E_0——初始辐射场；

R——射线长度（射线传播的路线积分）；

D——两孔间的水平距离；

β——反映介质电磁特性的一个参数，称为介质电磁波吸收系数，db/m。

通过对实测电磁场强进行处理，重构射线所扫描的区域内岩体介质电磁波吸收系数分布，从而确定异常的位置、空间分布和形态。

2. 电磁波 CT 探测基本要求

1）钻孔布置

利用帷幕灌浆施工先导孔进行工作，钻孔孔径不小于 75 mm，孔距小于 26 m。

2）现场检测要求

（1）采用国内（或国外）先进的电磁波仪，应具有频率可选功能；接收机噪声电平≤0.2 V，测量范围为 20～140 dB，动态范围为 100 dB，测量误差不超过 ±3 dB。

（2）测试工作开始前，应对电磁波仪器设备进行合格性检查。

（3）宜采用扇形扫描方式，射线分布均匀，采用两孔互换观测系统，在同一剖面上进行多组孔间观测时，宜保持观测系统一致。同时应进行孔斜测量和孔距校正。

（4）应通过现场试验选择仪器的工作频率和对应天线；可选择单频或多频观测方式；当同一剖面进行多组电磁波 CT 时，宜使用相同的频段。

（5）确定初始场强、背景吸收值或背景波速，应在地层或地质条件相对简单的孔段进行三孔法或双孔法试验。

（6）仪器下井前应做校零、时钟同步工作；电磁波透视仪的发射机与电缆间宜使用长度为 2 倍所选波长的绝缘绳相连。接收机与电缆间应有电缆滤波器相连。天线下端应悬挂重锤。

(7)观测系统采用同步法及定点观测系统，先进行同步观测，同步扫描范围控制在45°线（最大发高、接高射线，参与反演计算的数据量），通常选定三条同步曲线（水平同步、发射机较接收机高的斜同步、发射机较接收机低的斜同步）就能粗略确定剖面中的地质体分布。为了确保成像区射线的多次覆盖，保证勘探精度，除同步观测外，还需要采用定点观测，即射线扫描范围根据孔距及孔深进行控制，定点扫描范围控制在2~3倍孔距以内。探测频率根据现场试验情况选定，使其既有足够强的正常场，又使目的体产生明显异常，定发点距5.0 m、接收点距1.0 m，绝对误差满足测试规范要求，当发现异常后，应适当加密观测。

(8)孔间电磁波CT应避开金属管件等的影响；当仪器距孔口或洞口较近时，应用金属板将洞口、孔口（口径较大的）进行封闭，以避免电磁波经空气绕射。在电磁波CT数据测量时，要检查发射、接收机的工作状态，特别是每次两孔互换时更要注意，进入盲区观测时，在盲区与视区间，反复检查，确保盲区界线的可靠性，由于观测系统本身是一个自检查系统，还必须有5%以上重复观测数据，确保观测精度。

3)数据记录与处理及资料解释

(1)数据与记录的整理。将采集的数据、文件、记录进行必要的备份、编录、标识（工区、日期、剖面号、孔号、定点号、同步号、观测性质、坐标位置等），填写责任表，进行质量评估。

(2)层析数据文件的建立。将电磁波的场强值按一定的格式建立文件，将观测系统用一定数据表示出来，建立数据文件。

(3)数据预处理。电磁波观测数据进行如下处理：求初始场强，当出现近地表干扰时进行地表侧面波校正，出现亮点干扰时进行亮点校正，当各向异性干扰严重时进行各向异性校正。

(4)层析反演。选择适当的反演方法（DSIRT、SIRT、BPT、ART、改进型SIRT）进行图像生成重建，确定图像的收敛精度。按一定分辨率确定图像的色谱梯度和色谱，将图像进行一定的编辑并视频输出或打印机输出。

(5)成果解释。结合收集的资料、试验资料、地质资料对图像的异常进行分析，对异常性质、大小、空间分布、连接关系等进行一定的定性或定量解释。制作成果解释图。

7.1.1.2 孔间电磁波 CT 探测探查成果及分析

1. 研究区电磁波异常区发育分布情况分析

1) 左岸上层平洞电磁波异常区发育分布情况分析

电磁波 CT 成果见图 7-2。

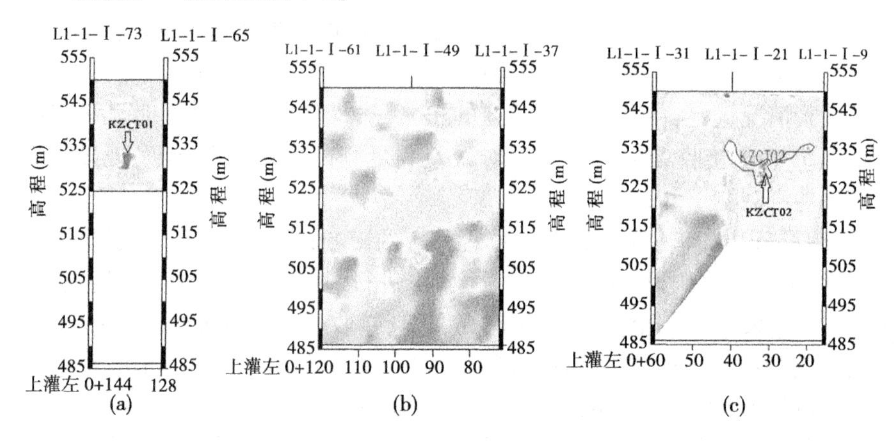

图 7-2 左岸上层平洞钻孔电磁波 CT 成果

由图 7-2 可知，左上平洞岩溶总体不甚发育，以充填(半充填)型溶洞或强溶蚀裂隙为主，充填物以黏土或黏土夹砂为主，在防渗剖面上为分散不连续状，较大的异常区有以下 2 处：

(1) 在桩号上灌左 0 + 139.0 ~ 0 + 135.0，即图 7-2(a)中红色区域(编号为 KZCT01)，高程 529.5 ~ 534.5 m，异常面积约 10.6 m^2，电磁波吸收系数为 0.8 ~ 1.0 dB/m，判断为溶洞，后经该区域的灌浆孔证实为一半充填型溶洞。

(2) 在桩号上灌左 0 + 042.8 ~ 0 + 016.0 m，即图 7-2(c)中的 KZCT02 区域，高程 526.0 ~ 538.0 m，异常面积约 74.4 m^2，电磁波吸收系数为 0.6 ~ 1.0 dB/m，为一强溶蚀区(包括溶洞及溶蚀裂隙)，经灌浆钻孔($17^{\#}$、$21^{\#}$等孔)证实为一半充填型溶洞，从相关地质图件分析可能与 F_{10} 及 Kw_2 相关。

2) 左岸中层平洞电磁波异常区发育分布情况分析

电磁波 CT 成果见图 7-3。

由图 7-3 可知，强异常区主要位于桩号中灌左 0 + 040.2 ~ 0 + 035.0 m，高程 509.0 ~ 512.2 m，异常面积约 14.1 m^2，电磁波吸收系数为 0.6 ~ 1.0 dB/m (图 7-3 中的 KZCT03 区域)，分析为一溶洞区(后经灌浆钻孔证实为一充填型溶洞)，而在桩号中灌左 0 + 022.0 ~ 0 + 012.5 m、高程 486.5 ~ 495.0 m 的异常区，结合现场分析认为是导流洞的影响区域。

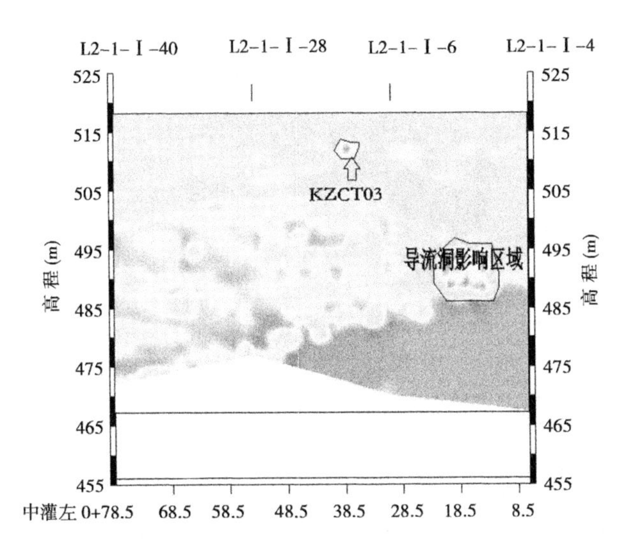

图7-3　左岸中层平洞钻孔电磁波CT成果

3)左岸下层平洞电磁波异常区发育分布情况分析

电磁波CT探测成果见图7-4。

由图7-4可知:

(1)桩号下灌左0+002.5~0+122.5 m,以裂隙、溶蚀裂隙为主,仅个别洞段发育溶洞,如:图7-4(c)中的KZCT03为一较大电磁波高吸收异常区,位于桩号下灌左0+033.0~0+002.5 m,高程395.2~415.1 m,面积约150.1 m^2,异常最高约11.0 m,其电磁波吸收系数为0.7~1.0 db/m,分析为一溶洞(灌浆钻孔已证实为一个高10.5 m充填黏土的溶洞)。

(2)桩号下灌左0+122.5~0+338.5 m,岩溶不发育,电磁波吸收系数以小于0.5 db/m为主,其中隔水层明显。

(3)桩号下灌左0+338.5~0+530.5 m,除Kw_7、Kw_8暗河系统外(其底部高程均在485 m高程以上),其他部位岩溶不甚发育,仅个别地段存在散点状分布的强溶蚀区,其面积以小于5 m^2为主。

4)坝基廊道(河床)电磁波异常区发育分布情况分析

电磁波CT探测成果见图7-5。由图7-5可知,坝基廊道段(河床段)存在多个电磁波吸收异常区域,主要特点是呈带状分布,其长轴方向近于平行岩层或f_4倾向,说明本段岩溶发育,并受构造方向控制;最低发育高程在290 m,也说明本段深部岩溶发育,是防渗处理的重点。

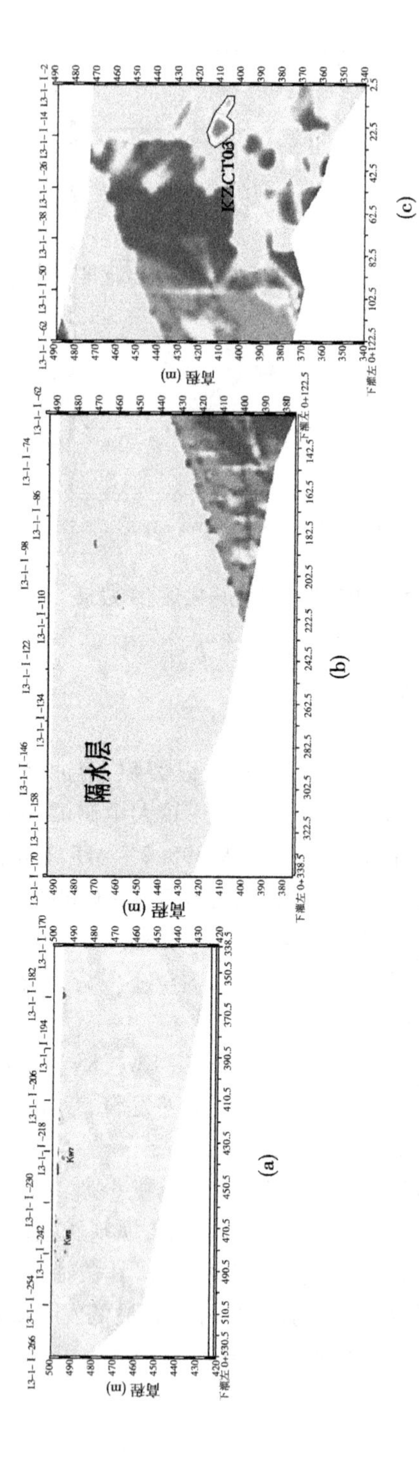

图 7-4 左岸下层平洞钻孔电磁波 CT 探测成果

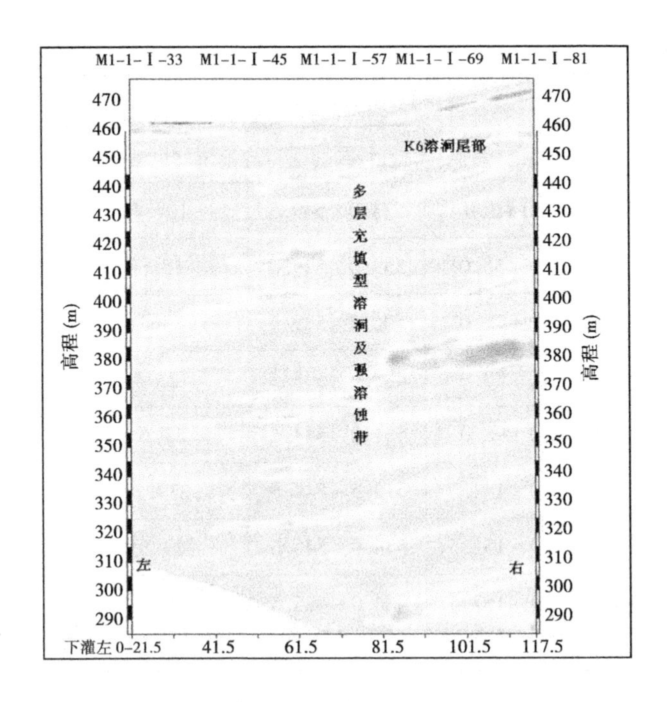

图7-5 坝基廊道钻孔电磁波CT探测成果

5)右岸上层平洞电磁波异常区发育分布情况分析

电磁波CT探测成果见图7-6、图7-7。由图7-6、图7-7可知:

(1)桩号上灌右0-15.5~0+152.5 m,共发现8处电磁波高吸收异常区,面积3.3~239.3 m^2,累计651.5 m^2,高程484.0~549.6 m,电磁波吸收系数为0.8~1.0 dB/m,具体位置见图7-6及表7-1。从异常区分布来看,与K_6、K_4等右岸岩溶管道系统密切相关,如桩号上灌右0-15.5~0+3.0异常区,为K_6或其影响区域;又如桩号上灌右0+19.0~0+55.0异常区,为K_4溶洞及其影响区域。

(2)桩号上灌右0+152.5~0+556.0 m,发现以下4个地段电磁波吸收系数为0.8~1.0 dB/m异常区(见图7-7)。

桩号上灌右0+152.5~0+296.5 m,共发现11处电磁波高吸收异常区,面积2.2~10.9 m^2,累计70.1 m^2,高程482.0~545.0 m,电磁波吸收系数为0.8~1.0 dB/m,具体位置见图7-7及表7-2。

桩号上灌右0+296.5~0+375.0 m,高程467.0~550.0 m,该区域共发育15处溶洞或强溶蚀区,面积2.7~287.0 m^2,最大的溶洞或强溶蚀区位于桩号上灌右0+296.5~0+336.0 m,高程536.0~550.0 m,面积约287.0 m^2,该

段为 K_{12}溶洞区及影响区。

表 7-1　电磁波异常区统计

序号	桩号	高程(m)	面积(m^2)	说明
1	0－15.5～0＋3.0	523.0～549.5	104.4	K_6 或影响带
2	0＋19.0～0＋55.0	539.0～549.6	65.6	
3	0＋63.0～0＋79.0	506.5～529.6	83.3	
4	0＋67.5～0＋83.0	488.0～503.5	123.4	
5	0＋90.0～0＋98.0	541.0～544.6	17.6	
6	0＋116.0～0＋144.0	512.5～549.6	239.3	
7	0＋149.5～0＋152.5	538.0～546.6	14.6	
8	0＋150.0～0＋152.5	484.0～486.5	3.3	

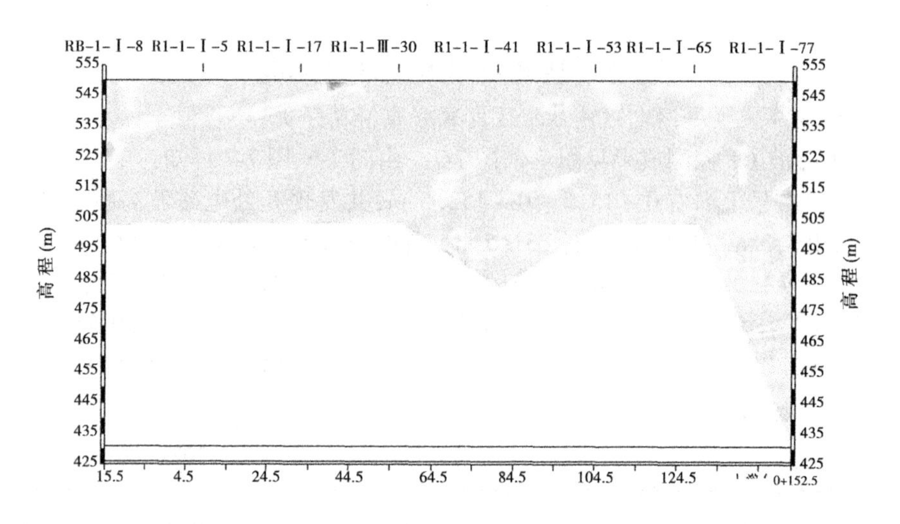

图 7-6　右岸上层平洞钻孔电磁波 CT 探测成果(一)

桩号上灌右 0＋296.5～0＋375.0 m，高程 467.0～550.0 m，该区域共发育 15 处溶洞或强溶蚀区，面积 2.7～287.0 m^2，最大的溶洞或强溶蚀区位于桩号上灌右 0＋296.5～0＋336.0 m，高程 536.0～550.0 m，面积约 287.0 m^2，该段为 K_{12}溶洞区及影响区。

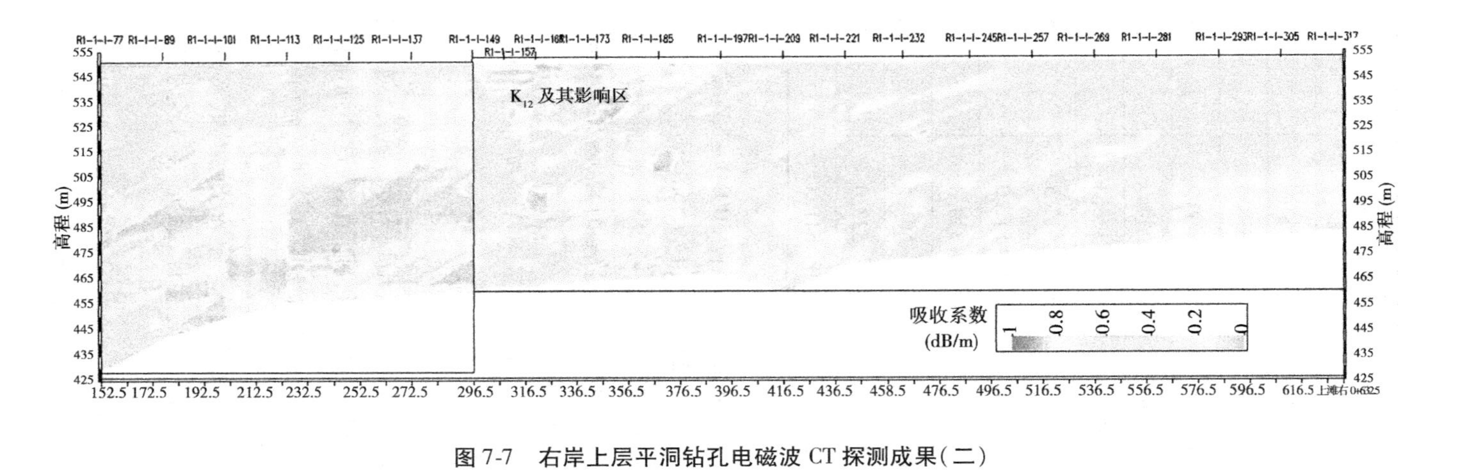

图 7-7　右岸上层平洞钻孔电磁波 CT 探测成果(二)

表 7-2　电磁波异常区统计

序号	桩号	高程(m)	面积(m^2)
1	0 +152.8 ~0 +156.8	542.0 ~545.0	8.1
2	0 +152.5 ~0 +154.0	537.0 ~538.3	2.2
3	0 +152.8 ~0 +157.5	482.5 ~488.5	7.5
4	0 +172.0 ~0 +174.0	541.0 ~546.0	6.1
5	0 +173.5 ~0 +180.0	522.0 ~526.3	7.9
6	0 +173.5 ~0 +179.5	510.5 ~512.5	5.6
7	0 +201.8 ~0 +203.8	539.0 ~542.0	4.6
8	0 +201.0 ~0 +203.8	527.5 ~530.3	4.6
9	0 +201.0 ~0 +203.5	499.1 ~501.5	2.6
10	0 +222.5 ~0 +226.0	525.0 ~528.0	10.9
11	0 +271.5 ~0 +273.0	538.0 ~541.3	10.0

桩号上灌右 0 +459.0 ~0 +490.0 m,高程 500.0 ~535.0 m,该区域共发育 5 个溶洞或强溶蚀区,面积 8.8 ~29.0 m^2,最大的溶洞或强溶蚀区位于桩号上灌右 0 +465.0 ~0 +474.0 m,高程 520.0 ~528.0 m,面积约 29.0 m^2。

桩号上灌右 0 +533.0 ~0 +556.0 m,高程 511.0 ~520.0 m,主要发育 1 个溶洞或强溶蚀区,面积约 47.0 m^2。

6)右坝肩(上、中、下平洞)电磁波异常区发育分布情况分析

电磁波 CT 成果(合成)见图 7-8。

由图 7-8 可知:

(1)靠近河床,受构造及 K_6 溶洞影响,出现多层(顺层)强电磁波异常带,根据先导孔资料及前期地质资料综合分析,我们认为这些强电磁波异常带沿 K_6 溶洞及 f_4 断层影响带发育的充填型溶洞或强溶蚀带(经灌浆孔证实为充填粉砂质黏土的溶洞,厚 2 ~4 m)。

(2)K_6 溶洞及影响带贯穿右坝肩发育(分叉状),其底部发育至河床,最低高程 450 ~460 m,多为充填型,后经钻孔证实,充填物多为黏土、砂质黏土及碎块石组成。

(3)因右下平洞的 K_5 溶洞及 K_8 溶洞先进行了充填物处理(高压旋喷及钢管桩),K_5 溶洞电磁波异常区面积减少幅度较大,仅在高程 470 ~480 m 还

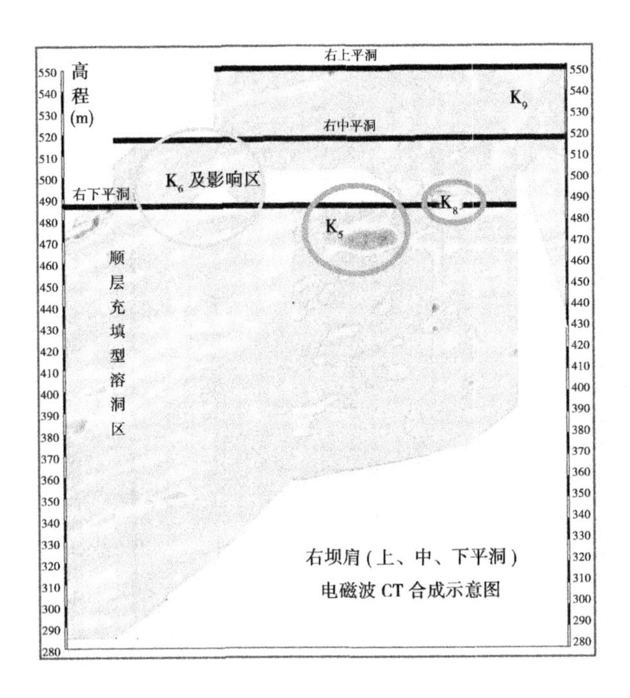

图 7-8　右坝肩钻孔电磁波 CT 探测成果合成示意图

有一些异常，而 K_8 溶洞相比 K_5 溶洞，其电磁波异常区面积减少幅度更大，说明溶洞充填物处理的效果是明显的。

(4)右坝肩其他部位岩溶呈分散状，但电磁波异常区长轴方向基本上与构造线相近，说明也是顺层发育，但相比没有其他部分发育强烈。

2. 电磁波 CT 复核的岩溶发育特点

根据电磁波探查成果统计分析(见图 7-9)，研究区岩溶发育有以下特点：

(1)岩溶顺构造方向(走向或倾向)发育，如河床，其溶洞长轴方向与地层倾向及 f_4 断层倾向基本一致，呈多层状分布。

(2)毛田组($\in_3 m$)，溶蚀作用强烈，岩溶发育，如河床段、右岸的 K_5、K_6 等溶洞；其他地层岩溶发育程度较弱。

(3)岩溶主要发育在河床及右岸。

(4)岩溶在各部位的发育高程：

①河床，主要在 380 m 高程以上，最低至 280 ~ 290 m。

②右岸，近河床主要发育在高程 450 m 以上，其他部位则在 500 m 高程以上。

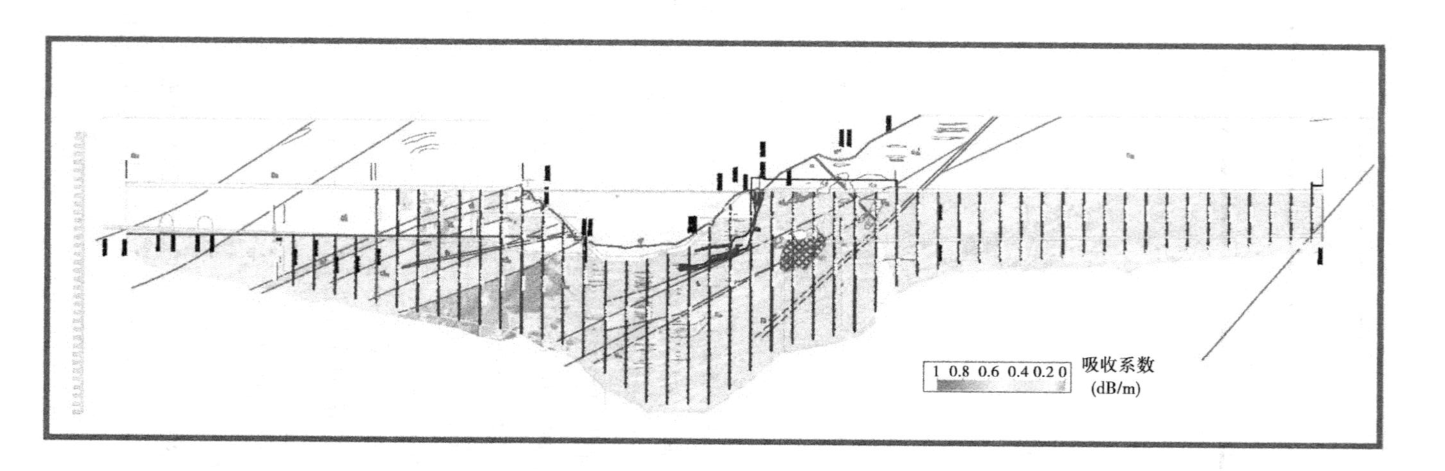

图 7-9　研究区岩溶综合分析图（结合复核探查成果及先导孔电磁波 CT 编制）

③左岸，Kw_7、Kw_8 岩溶管道在高程 485 m 以上，其他在 520 m 高程以上。

电磁波 CT 复核探查的岩溶发育特点与上前岩溶复核探查成果是基本一致的，也再一次证实研究区处于岩溶发育区，将对帷幕灌浆产生较大影响。

7.1.2 岩溶发育分区研究

7.1.2.1 岩溶发育分区研究的目的

目前，从岩溶发育的认识到评价，处在"宏观多于微观、抽象多于具体、定性多于定量、经验多于理论"的阶段。

在工程勘察阶段，对岩溶发育程度及其等级划分也没有一个统一的标准，多为定性分析，包括水利或水电行业，其原因是受各种条件限制（如勘察费用等）未能开展研究。

在工程施工阶段，特别是岩溶水库的防渗处理工程，工程量较大，布置的钻孔多且孔距小，对岩溶发育定量分区或岩溶发育程度定量划分提供了研究条件。本课题利用研究区各种条件开展岩溶发育定量分区研究，其目的是为帷幕灌浆做指导，即对不同的岩溶发育区采用有针对性的灌浆技术措施，从而达到"有效灌浆处理"的目的。

7.1.2.2 岩溶发育分区定量划分指标的选取及标准

国内目前有关文献或规范提出的岩溶发育程度划分的等级及其判定标准主要包括《岩溶工程地质》（铁道部第二勘测设计院 1984 年）及《火力发电厂岩土工程勘测技术规程》（DL/T 5074—2006），为半定量化评价。

为了能客观、真实反映研究区岩溶发育程度，本课题选取了钻孔岩溶率、钻孔遇洞率及面岩溶率三个指标作为岩溶发育程度的判断标准，并划分为强、中、弱三个岩溶发育区，划分标准见表 7-3。

表 7-3 岩溶发育分区等级及划分标准

岩溶发育分区	钻孔岩溶率（%）	钻孔遇洞率（%）	面岩溶率（%）
强岩溶发育区	>5	>25	>10
中等岩溶发育区	2～5	5～20	5～10
弱岩溶发育区	<2	<5	<5

注：面岩溶率是根据电磁波 CT 吸收系数 0.8～1.0 dB/m 异常区（溶蚀区）面积占测区总面积的百分比。

7.1.2.3 岩溶发育分区的应用及工程意义

1. 岩溶发育分区划分

通过对先导孔的线岩溶率及钻孔遇洞率的统计，以及先导孔电磁波 CT 成果计算，得到其线、面岩溶率及遇洞率，按前述划分标准并结合本区岩溶发育的特点（见前述岩溶发育规律或特点），将研究区岩溶发育划分为以下三个区域（见图 7-10）。

1）强岩溶发育区

（1）划分范围。在研究区（防渗线）主要有两个地段（图 7-10 中的红色区域），对应桩号分别为下灌左 0 +010.90 ~ 上灌右 0 + 176.5，上灌右 0 + 296.5 ~ 上灌右 0 +392.5，面积达 74 236.87 m^2，占一期防渗面积的 56.46%。

（2）岩溶发育程度指标。

①钻孔岩溶率（线岩溶率）为 33.02%，其中河床段为 34.71%（先导孔）。

②面岩溶率为 13.12%（根据电磁波 CT 成果计算，下同）。

③钻孔遇洞率为 65%，其中河床段为 100%。

根据前述划分标准及岩溶发育特点，综合判断该 2 个区域为强岩溶发育区。

2）中等岩溶发育区

（1）划分范围。桩号为上灌右 0 +440.5 ~ 上灌右 0 +560.5（图 7-10 中的黄色区域），面积为 7 949.16 m^2，占一期防渗面积的 6.04%。

（2）岩溶发育程度指标。

①钻孔岩溶率（线岩溶率）为 4.86%。

②面岩溶率为 5.81%。

③钻孔遇洞率为 40%。

根据前述划分标准及岩溶发育特点，综合判断该区域为中等岩溶发育区。

3）弱岩溶发育区

（1）划分范围。包括桩号上灌右 0 + 644.5 ~ 上灌右 0 + 560.5、上灌右 0 +440.5 ~ 上灌右 0 + 392.5、上灌右 0 + 296.5 ~ 上灌右 0 + 176.5、下灌左 0 +010.90 ~ 下灌左 0 + 353.5（上灌左 0 + 170.3）（图 7-10 中的蓝色区域），面积 49 310.32 m^2，占一期防渗面积的 37.50%。

（2）岩溶发育程度指标。

①钻孔岩溶率（线岩溶率）为 3.7%。

②面岩溶率为 0.88%。

③钻孔遇洞率为 8.11%。

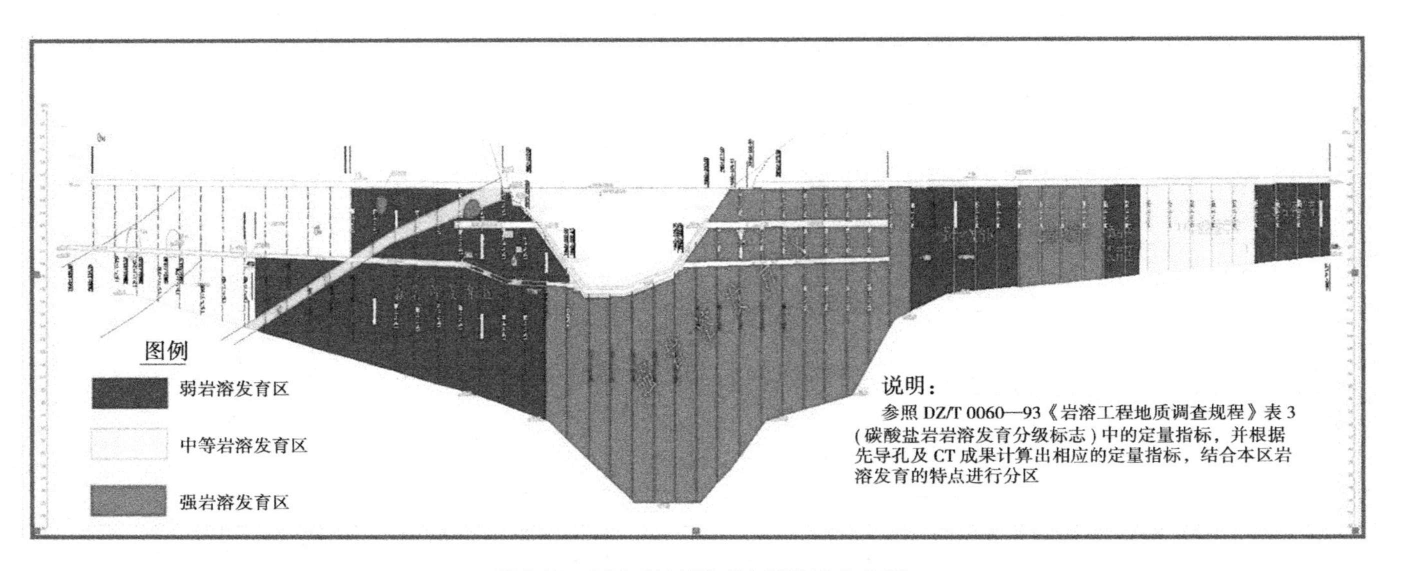

图 7-10　研究区（防渗线）岩溶发育分区

根据前述划分标准及岩溶发育特点,综合判断该区域为弱岩溶发育区。

2. 岩溶发育分区的工程意义

岩溶发育分区有以下工程意义:

(1)岩溶发育程度(分区)不同,可直接影响岩溶处理工程费用。特别是在前期勘察阶段,由于缺乏岩溶发育分区的依据,如果采用的处理措施不当,往往会造成处理所需费用较大增加。

(2)岩溶指标有助于较为准确地判断岩溶发育的规模。钻孔遇洞率反映了岩溶洞(隙)出现的频率,钻孔线溶率则反映了岩溶洞(隙)出现的比例。如果遇洞率高、线溶率低,说明场地岩溶规模较小;反之,说明场地岩溶规模较大。若遇洞率低、线溶率低,说明岩溶规模较小,且岩溶发育程度低。如果遇洞率高、线溶率高,说明场地岩溶规模较大,且岩溶发育程度高。

(3)施工期岩溶发育分区,有利于分别采用技术措施。如岩溶水库帷幕灌浆,弱岩溶发育区采用常规灌浆技术措施就能达到设计要求;反之,则要采用多种技术措施或组合(综合)技术措施才能达到设计要求。

7.1.3 灌浆优化设计

7.1.3.1 右岸下层灌浆平洞开挖设计优化

原右下灌浆平洞长 721.84 m(右下桩号 0 +0.00 ~0 +721.84 m),通过右岸上层平洞先导孔查明了右岸下层平洞灌浆范围内岩溶发育情况及岩体透水率情况,而右岸下层平洞 0 +230 以后灌浆钻孔深度也较小,区间值为 5.9 ~531.3 m,多为 20 m 以内,根据目前国内灌浆技术水平,将右岸上层平洞灌浆孔直接深入至防渗帷幕底线(孔深约 100 m)是可能的,为此,对右岸下层灌浆平洞开挖范围进行以下优化:右下灌浆平洞开挖范围优化至“下灌右”桩号 0 +229.07 m,即取消“下灌右”桩号 0 +229.07 ~0 +721.84 m 平洞开挖,减少长度 492.77 m。

优化后节省的主要工程量包括 492.77 m 洞长的石方开挖 12 480 m^3、C20 混凝土衬砌 4 069.5 m^3,节省工程投资约 600 万元,节省工期约 8 个月。

7.1.3.2 右岸上层灌浆平洞灌浆孔位布置设计调整

由于右下平洞优化取消段(桩号 0 +227.97 ~721.84 m)存在强岩溶发育区,且岩体透水率较大,因此设置一排灌浆孔不能满足防渗要求,需要增加一排灌浆孔,排距 1.2 m,孔距 2.0 m,此变更累计增加钻、灌工程量 6 924.32 m(其中增加一排灌浆的工程量为 21 870.62 m,取消上、下层间的帷幕搭接灌浆孔 10 185 m,取消右岸下层灌浆平洞原灌浆孔 4 761.3 m),增加投资约 295

万元。

7.1.3.3 隘口水库帷幕灌浆施工技术设计修订

通过前述岩溶发育复核调查成果，结合灌浆试验成果及国内类似工程经验，建议并促成设计对灌浆施工技术要求进行了修订，主要包括强岩溶发育区纳入特殊处理、终孔段结束标准按单位注入量控制、质量检查由压水试验调整为合格性检查（常规压水试验）与耐久性检查及物探声波CT辅助检查，取消原设计图中的物探孔检查，节省钻孔工程量17 070 m及相应的物探工作（单孔声波）。

7.2 帷幕灌浆关键施工技术研究

7.2.1 深层充填型溶洞成孔技术的应用研究

隘口水库帷幕灌浆孔的深度大多在100 m以上，基础和右下的帷幕灌浆孔深大多在150 m以上，在施工基础和右下的帷幕灌浆孔时发现，经常遇到全充填型溶洞，溶洞高度一般在5～10 m，最深达十几米，充填物均为黄泥沙。这些充填物有很强的透水性，利用灌浆处理几次后，大多会出现吸水不吸浆现象，因此这些溶洞得不到有效处理，将给帷幕的形成带来严重后果。

在处理浅层的全充填型溶洞时，可以采用高压水流进行冲洗，将溶洞部位的泥沙冲出孔外，然后通过灌浆进行充填和挤密压实，从而达到成孔的目的。

但在处理100 m以上的深层溶洞，因沙的比重较大以及高压水流从孔底在回到孔口时流速变慢，采用高压水流冲洗已不能将孔内的泥沙冲出孔外，高压水流冲洗后有大量的沙留在孔内，导致钻孔无法成孔。

帷幕灌浆现场施工试验中，在深层溶洞段钻孔时，因孔内有大量的涌水，下钻杆过程中溶洞的泥沙被反冲进钻杆里，在钻进时不能判断孔内是否返水，无法确定钻杆是否堵塞，直到钻孔不进尺时，才能发现钻杆堵塞，但此时已造成烧钻事故。泥沙堵塞钻杆及钻头烧钻事故见图7-11、图7-12。这种情况在现场帷幕灌浆试验时多次发生，造成大量的人力、物力的消耗且施工进展缓慢。如何做到在充填型溶洞段的成孔，这也是本课题研究和解决的关键技术和难点之一。

针对在全充填型溶洞钻进时难以成孔的情况，在施工过程中摸索总结出了一些经验。

（1）遇深层溶洞难以成孔时，结合灌前电磁波CT分析判断，如溶洞范围

图 7-11　泥沙堵塞钻杆

图 7-12　钻头烧钻后磨损的钻头

和相邻灌浆孔串通时，相邻孔可不按整体施工次序进行施工，把溶洞范围内相邻灌浆孔先期施工直到溶洞部位。到溶洞部位后，将相邻的二孔或二孔以上分别下入钻杆进行单独的高压冲洗处理，将溶洞内的泥沙尽量从孔内冲出，见图 7-13、图 7-14。直到相邻孔串通，而且基本无泥浆返出后，通过充填、灌浆，达到成孔和溶洞处理的目的。

图 7-13　两孔高压冲洗溶洞内泥沙(一)

图 7-14　两孔高压冲洗溶洞内泥沙(二)

具体的操作方法为：首先把相邻两孔均钻到溶洞段的同一高程，二孔同时进行高压冲洗处理，到两孔串通，待返水中的含沙量较少、基本无泥浆时结束。然后，取出一个孔的钻杆，把另一个孔的孔口进行封闭，用二台注浆泵同时对有钻杆的孔内进行高压水冲洗，压力控制在 3.0 MPa 左右，把泥沙从没有钻杆的孔内冲出，达到成孔的目的。我们总结为“高压冲洗置换技术”。

(2)如果溶洞段无法进行联合高压冲洗，采用密度为 1.5 g/cm^3 的水泥浓浆进行孔内泥沙置换，利用水泥浆液的黏性将沙带出孔外，见图 7-15、图 7-16。具体的操作方法为：首先采用灌浆泵注入大流量冷却水进行钻孔，钻至溶洞洞底(溶洞洞高较大时可分段进行)，然后用灌浆泵从钻杆内注入密度为 1.5 g/cm^3 的纯水泥浆液，一是水泥浆液的黏性将沙带出孔外，二是水泥浆液有护壁的作用,通过灌浆处理后达到成孔的目的。我们总结为"水泥浆液充填的返砂技术"。

图 7-15 浓浆返出孔内的河卵石

图 7-16 浓浆返出孔内的沙

(3)当采用上述两种方法处理效果不太理想时,可以采用缩短段长并结合返砂技术的方法来处理深层充填型溶洞段的成孔问题。

7.2.2 溶蚀裂隙和溶洞灌浆技术的应用研究

岩溶地区的地质情况多变,针对不同的岩溶地质情况,采用与之相适应的方法进行处理,才能经济而有效地达到防渗目的。隘口水库岩溶、溶蚀裂隙发育千变万化,除在灌浆平洞开挖遇到 K_5、K_6、K_8 等大型溶洞外,在帷幕灌浆施工过程中在坝基和右岸也遇到了多种多样的溶洞和溶蚀裂隙。在施工过程中主要表现为钻孔时出现掉钻、钻进中进尺加快、塌孔、漏水及涌水,带出大量黄泥沙,见图 7-17 ~ 图 7-20。灌浆时出现注入量大且多次复灌仍无法达到结束标准(如个别灌浆段复灌次数高达 30 次以上)等异常现象。在处理这些溶洞和溶蚀裂隙时如何有效控制浆液扩散,达到可控灌浆的目的,也是本课题研究和解决的关键技术和难点内容之一。

图 7-17 钻孔时孔内返出的大量黄泥沙

图 7-18 溶洞段取出的充填物

图 7-19 孔内涌水带出大量的黄泥沙(一)

图 7-20 孔内涌水带出大量的黄泥沙(二)

由于岩溶发育的复杂性,在遇到溶洞、溶蚀裂隙时,根据实际情况特殊处理。依据帷幕灌浆的地层特点,对帷幕灌浆试验及前阶段的施工总结,对隘口水库工程的溶蚀裂隙和溶洞灌浆进行了如下施工。

7.2.2.1 溶蚀裂隙灌浆

图 7-21 为孔号 R3 - 1 - Ⅰ - 8 第 29 段(孔深 134.5 ~ 139.5 m)的灌浆压力与注入率过程曲线,可以分为 6 个阶段。第 1 阶段,灌浆压力较低,一般不超过 1.5 MPa,注入率明显随压力变化,尤其当压力超过 1.5 MPa 时,注入率迅速增大,此时采取限压措施,并逐级变浆,使注入率稳定在 20 L/min 左右,注入的浆液持续充填到溶蚀裂隙空穴中。第 2 阶段,经过长时间低压限流灌注,注入率迅速降低,直至不吸浆,压力快速上升至设计灌浆压力 3.5 MPa。第 3 阶段,在短暂高压作用下,溶蚀裂隙重新被击穿,注入率加大,灌浆压力降低,其控制过程与第 1 阶段相同,仍采用低压、限流、浓浆等措施进行灌注。第 4 阶段,通过复灌,渗漏通道逐渐封闭,注入率减小至 0,压力迅速上升至设计灌浆压力 3.5 MPa,并持续较长时间,接近 1 h。第 5 阶段,在持续高压作用下,溶蚀通道再次被击穿,注入率加大,灌浆压力降低,第 3 次采用低压、浓浆、限流等措施进行灌注。第 6 阶段,经过反复灌浆后,溶蚀通道被完全堵塞,注入率降至 0,灌浆压力上升到设计值 3.5 MPa,延续灌注 1 h,按正常结束标准结束。

从上述灌浆过程分阶段分析可以看出,溶蚀裂隙灌浆是一个复杂的过程,该段 3 次复灌,呈现“低压充填→高压密实→击穿渗漏→低压充填→高压密实”的循环,灌浆历时近 8 h,总结为“差异压力击穿复灌的溶蚀反复充填灌浆技术”。因此,本工程溶蚀裂隙灌浆施工采取的控制技术:低压、限流、浓浆、多次不间歇循环复灌,合理变换灌浆压力,可取得良好的灌浆效果。

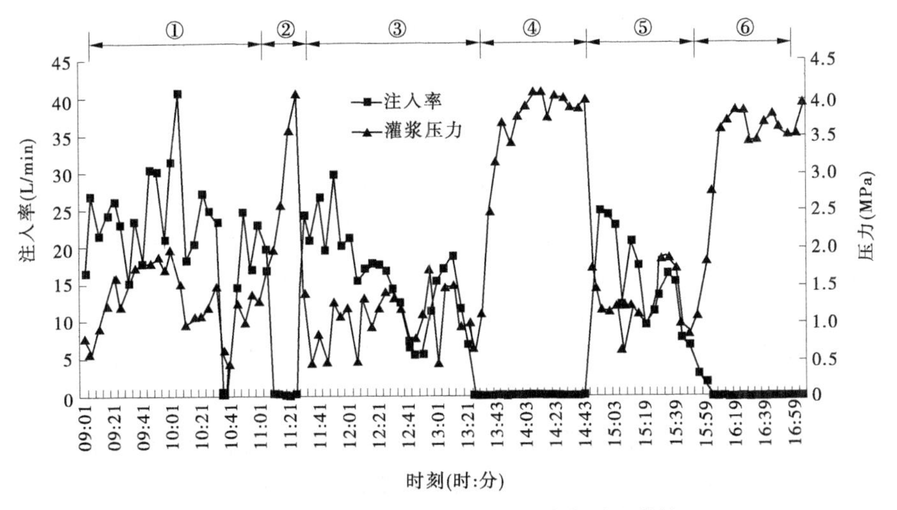

图 7-21 溶蚀泥沙裂隙典型孔段灌浆过程曲线

7.2.2.2 溶洞灌浆

溶洞段施工时,一是查明岩溶发育的顶底板高程和充填物的性质;二是按特殊情况进行施工,即采取自上而下分层综合处理方法施工;三是根据其他工程经验,需要灌注砂浆时,可根据注入量的大小,掺砂比例可按 10%,20%,30%,…,100% 逐级增加;四是遇到充填黄泥的溶洞或溶蚀时,取消裂隙冲洗和简易压水。

具体处理措施如下:

隘口水库帷幕灌浆大多数遇到的均是充填型溶洞,充填物以沙质黏土为主,前期处理主要采用的施工工艺是"灌浆→待凝→扫孔→简易压水→复灌",效果不理想,且溶洞充填物含有大量细沙,灌注砂浆时容易堵塞孔壁,没有采取灌注砂浆的处理方法。

由于溶洞段充填物以沙及黄泥为主,应采取综合处理方案,即高压冲洗及限流、限压、间歇等综合处理措施或方案。溶洞段是否成功处理的关键是冲洗及复灌两个工序,即冲洗一定要干净,在复灌时,一是要控制好段长,二是要控制好压力与注入量(采用灌灌停停)。其主要工艺细化为:高压冲洗(压力控制在 1 ~ 2 MPa)→灌浆(以灌注水泥浆为主,注入量大且灌注了一定量的浆液之后可按比例掺入水玻璃等外加剂,再灌注水泥浆,结束时灌注水泥 - 水玻璃)→待凝(待凝时间一般为 24 ~ 48 h)→扫孔(缩短段长,以成孔为原则控制)→复灌。在处理过程中一定要采取"限压、限流、间歇"(灌灌停停)等处理措施,其中"间歇"可与外加剂配合(一般来讲,灌完水泥 - 水玻璃浆液后要停泵清洗，可利用此段时间进行间歇，直至达到设计压力，以上工艺称之为"自上而下分层综合处理"施工工艺）。

7.2.3 孔口封闭灌浆法中易出现"铸管"问题的研究

隘口水库属典型的喀斯特地貌，岩溶极为发育，帷幕灌浆施工时注入量大，孔段复灌次数多，灌浆历时长。因地层原因，自上而下分段跟塞灌浆法和自下而上分段灌浆法等都是很难实现的，选用孔口封闭灌浆法进行施工是最适合隘口水库强岩溶地层的。

孔口封闭灌浆法的优点较多，如孔内不需下入灌浆塞，施工简便；每段灌浆结束后，不需待凝，即可开始下一段的钻孔，能加快施工进度；上部孔段可得到多次重复灌注，对提高灌浆质量有利；使用孔口封闭器有利于加大灌浆压力等。孔口封闭灌浆法的主要缺点是在灌注浓浆量大、灌注时间较长、回浆量小时，孔内浆液的流速减慢，浆液中的水泥颗粒逐渐沉淀将孔内钻杆凝住，我们称为"铸管"。为此，必须使用性能良好的孔口封闭器，以便在灌浆过程中经常活动孔内钻杆，防止其被水泥浆凝住。特别是在进行 201 m 的深孔灌浆时，孔内钻杆也达到 200 m 以上，稍有不慎，孔内钻杆就可能被浆液凝铸死，造成灌浆事故，损失是十分巨大的。

在进行帷幕灌浆现场试验施工时，由于灌浆段注入量很大，灌浆历时很长，回浆量很小甚至不回浆，出现了多次的"铸管"现象，严重影响了施工进度和灌浆质量。

对于深孔段灌浆发生"铸管"事故时，事故的处理非常麻烦，要投入大量的人力、物力，而且极易引起安全事故。一旦"铸管"事故不能得到处理，该灌浆孔将被迫报废，需要重新移位开孔。对于隘口水库的强岩溶发育地层，成孔的难度本身就很大，重新钻进 200 m 不仅要投入相当大的费用，而且也严重影响施工进度。所以，如何减少"铸管"事故，也是本课题研究和解决的关键技术与难点内容之一。

为了减少"铸管"事故的发生，在前期的试验施工中，主要采用在灌浆间歇时活动和升降灌浆管（钻杆）的方法，此时"铸管"现象十分频繁；后改为在灌浆过程中不停地转动灌浆管（钻杆）的方法，能有效减少"铸管"事故的发生，但在实施过程中发现灌浆管（钻杆）转动一段时间后，灌浆管（钻杆）与孔口封闭器内的密封胶球之间出现漏浆。经过观察和对孔口封闭器的研究及分析，主要原因是灌浆管（钻杆）转动时与孔口封闭器内的密封胶球因摩擦发热十分严重。在摩擦发热时，使密封胶球软化使灌浆管（钻杆）之间不能很好地密封导致漏浆，同时密封胶球的摩擦发热又加速了胶球的损坏，导致出现漏浆，甚至出现中途更换胶球，导致灌浆中断。

针对这个问题，我们对孔口封闭器加装了冷却循环系统，较好地解决了灌浆管（钻杆）与密封胶球产生的摩擦发热软化、加速胶球损坏的问题。

孔口封闭器加装了冷却系统后，在灌浆过程中冷却系统内通入冷却水，及时对密封胶球进行冷却，降低了灌浆管（钻杆）与密封胶球之前的摩擦温度，延长了密封胶球的使用时间，保持了灌浆过程的连续性。

在灌浆过程中保持灌浆管（钻杆）一直转动，不易被孔内的水泥凝住，即使因灌注时间太长，灌浆管被水泥凝住，也能及时发现，大大减少了“铸管”事故，降低了处理的难度。

在孔口封闭器上没有增加冷却系统前，每灌注一个灌浆段需要更换两次以上密封胶球，在增加了冷却系统后，一个密封胶球可以连续灌注多个灌浆段。不仅降低了成本，也保持了灌浆的连续性。

具体结构图见图 7-22，实物见图 7-23，主要技术参数见表 7-4。

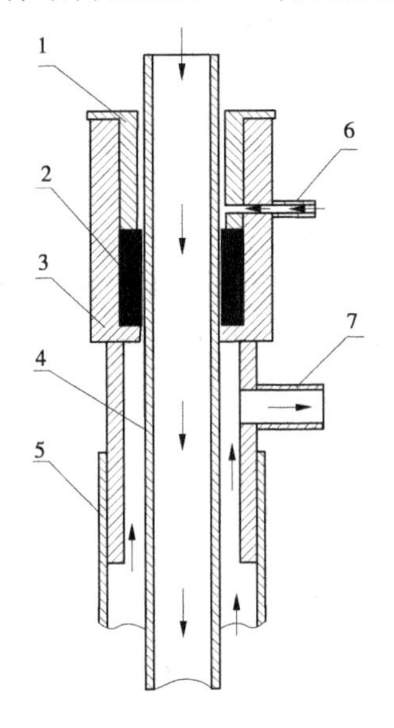

1—压盖；2—橡胶圈；3—基座；4—钻杆；
5—孔口管；6—冷却水接头；7—回浆管接头

图 7-22　可通冷却水旋转式孔口封闭器结构

图 7-23　实物

表 7-4　可通冷却水旋转式孔口封闭器的主要技术参数　（单位：mm）

高度	上部外径	下部外径	橡胶圈高度	橡胶圈外径	橡胶圈内径
260	110	91	50	75	50

7.2.4　强岩溶发育段压水试验孔内阻塞问题的研究

压水试验时现常规使用的阻塞器为水压式阻塞器，由水压式栓塞、供水管、手压泵、高压钢编管等组成。压水试验时将高压钢编管与阻塞器的进水管相连接，然后由人工通过高压钢编管将阻塞器下入预定的阻塞位置，下到预定孔深固定好后，开始通过手压泵加水给栓塞加压，加压时阻塞胶囊慢慢膨胀，达到对孔道进行阻塞的目的，压水试验结束后，将手压泵的供水管拔下，排出胶囊内的水后，将栓塞提出。水压式阻塞器存在以下不足：①阻塞器的下入和取出都是由人工完成的，当下入深度大于 50 m 后，胶囊里的水无法完全排出，阻塞器与孔道的摩擦系数增大，人工很难把阻塞器从孔道取出；②阻塞器上部孔道掉块或者有石块、泥沙从孔道口落入，卡在孔壁与阻塞器之间，导致阻塞器即使泄掉水压也无法取出；③水压式阻塞器结构复杂，价格高，现场无法加工且操作较为麻烦。

隘口水库帷幕灌浆孔最深达 201 m，帷幕灌浆检查孔的孔深最深也在 200 m 左右，且岩溶极为发育，检查孔孔壁不光滑，较易出现掉泥（沙）块的现象。根据工艺要求，水压塞须下至压水试验段以上 0.5 m 处，由于水压塞由人工下入，人工拔出，检查孔的孔深也较深，孔内一旦出现掉泥（沙）块或卡塞现象，水压塞很难由人工拔出，出现孔内事故，造成一定的经济损失。因此，需要找到一种适合隘口水库地质条件的阻塞器，才能用于本工程帷幕灌浆检查孔的压水试验。

为此，进行了一系列探索和试验，通过不断的摸索和实践，最终设计并加工了“顶压式阻塞器”。克服了水压式阻塞器下入深度大于 50 m 后，胶囊里的水无法完全排出，阻塞器与孔道的摩擦系数增大，人工很难把阻塞器从孔道取出；阻塞器上部孔道掉块或者有石块、泥沙从孔道口落入，卡在孔壁与阻塞器之间，导致阻塞器即使泄掉水压也无法取出；水压式阻塞器结构复杂，价格高，现场无法加工且操作较为麻烦等缺点，为顺利完成检查孔的压水试验提供了保障。

顶压式阻塞器是借鉴机械式阻塞器的原理，再结合隘口水库地层的实际情况研制的孔道阻塞器,具有设计合理、性能可靠、施工简便、能减轻劳动强度、适用任何地质条件等优点。顶压式阻塞器具体的构成包括压盖、橡胶圈、岩芯管和钢管,橡胶圈设置在进水管上部,橡胶圈上方设有压盖,压盖上方设有钻杆接手,橡胶圈的下方通过止退环连接有岩芯管,岩芯管上设有出水口,岩芯管的下方通过堵头连接一根钢管,其技术原理在于所述的压盖上方的钻杆接手与钻机的钻杆相连,利用钻机将阻塞器下到预定的阻塞位置,岩芯管下方的钢管顶住孔底。压水试验时,钻机的液压系统通过钻杆和压盖对橡胶圈进行加压,使橡胶圈膨胀,达到阻塞孔道的目的。通过钻杆内径注入水,经进水管,由岩芯管上的出水口进入底部的孔道内,达到对该段孔道压水的目的,压水试验完成后,通过钻机的液压系统对钻杆的提升,将阻塞器从孔道内取出。具体结构见图 7-24。主要技术参数见表 7-5。

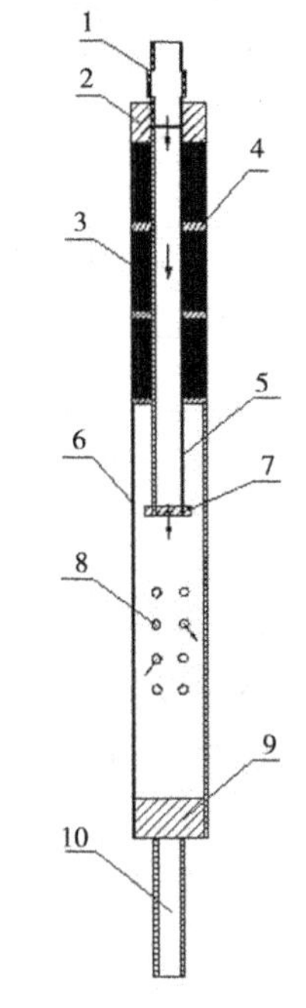

1—钻杆接手;2—压盖;3—橡胶圈;
4—钢垫;5—进水管;
6—岩芯管;7—止退环;
8—出水口;9—堵头;10—钢管

图 7-24　顶压塞结构

与常规阻塞器相比,顶压式阻塞器的优点如下:

(1)顶压式阻塞器通过钻杆连接钻机,通过钻机将阻塞器下入孔道和取出孔道,利用钻机的液压系统能够很容易地将阻塞器从孔道取出。

(2)顶压式阻塞器,通过钻杆连接钻机,当阻塞器上部孔道掉块或者有石块、泥沙从孔道口落入时,钻机可以带动阻塞器进行转动,通过阻塞器的转动磨碎石块或泥沙,最后将阻塞器从孔道取出。

(3)顶压式阻塞器结构简单,利用钻机的液压系统对橡胶圈进行加压,取消了手压泵(氧气瓶)等加压设备,能够现场加工,成本低。

(4)顶压式阻塞器解决了深孔帷幕灌浆压水试验时孔道阻塞的问题,避免了因阻塞器取不出来,造成孔内事故的发生。适用于任何地层深孔帷幕灌浆物探孔、先导孔及检查孔压水试验的施工作业。

(5)操作劳动强度低,只需2人操作即可完成下塞和起塞工序,操作简单,使用方便、快捷,避免了人工将阻塞器下入和取出孔道。

(6)使用寿命长,重复利用次数多,综合效益显著。

表7-5 顶压式阻塞器的主要技术参数

质量(kg)	长度(mm)	外形直径(mm)	适用孔径(mm)	最大膨胀外径(mm)	最大压水压力(MPa)
10	1 500	73	75	90	2.0

7.2.5 灌浆效果分析与评价

7.2.5.1 灌浆资料分析

1.单位注入量统计分析

对帷幕灌浆资料进行了统计分析,从统计结果来看,帷幕灌浆符合以下灌浆规律:

(1)帷幕灌浆各部位总体上存在随着灌浆次序的增加,其平均单位注入量则呈现减小的灌浆规律(见表7-6),但由于岩溶地区岩溶发育具有不均一性和特殊性,这一灌浆规律不完全符合灌浆规律也是正常的。例如,左下平洞各序次的平均单位注入量(C)就出现了$C_{Ⅱ} > C_{Ⅰ} > C_{Ⅲ}$的现象,但总体上还是减小的。

表7-6 帷幕灌浆各部位平均单位注入量(分序)统计 (单位:kg/m)

部位		Ⅰ序	Ⅱ序	Ⅲ序	说明
左岸	上层平洞	763.16	423.58	211.56	完工
	中层平洞	557.6	229.9	163.8	完工
	下层平洞	271.7	287.4	126.2	完工
右岸	上层平洞	438.14	152.92	35.5	未完工
	中层平洞	1 082.4	536.4	184.3	完工
	下层平洞	1 225.6	741.26	287.07	完工
坝基坝肩	左坝肩	421.3	280.4	153.49	完工
	右坝肩	1 941.49	875.74	346.95	完工
	坝基廊道	1 599.63	1 407.63	683.36	完工

(2)对于双排孔，一般来讲，存在 $C_{下} > C_{上}$ 的规律，对于三排孔而言，同样存在 $C_{下} > C_{上} > C_{中}$ 的规律。我们统计了不同部位不同排序的单位注入量(见表7-7)，岩溶发育排间平均单位注入量也符合随着灌浆加密而单位注入量递减的灌浆规律。

表7-7 强岩溶发育区平均单位注入量统计(分序分排) (单位:kg/m)

部位	下游排			上游排			中游排		
	Ⅰ	Ⅱ	Ⅲ	Ⅰ	Ⅱ	Ⅲ	Ⅰ	Ⅱ	Ⅲ
左下	1 063.62	1 882.27	675.03	151.54	90.46	80.29			
坝基	3 518.04	3 264.9	1 162.94	1 217.74	874.06	675.08	436.19	401.63	316.62
右下	2 549.775	1 367.793	391.653	228.717	254.232	159.669			
右中	1 872.025	952.166	280.095	247.947	114.169	87.83			
右上	1 292.02	388.5	85.84	34.12	25.13	17.58			
右坝肩	3 154.36	1 512.83	542.73	494.64	167.39	147.58			

2. 灌浆前后透水率统计分析

选取了左岸下层、右岸上层帷幕灌浆孔的简易压水试验资料作为样本进行了统计分析(见表7-8)，从表7-8可以看出，排内各序次孔的平均单位透水率均呈现 $q_{Ⅰ} > q_{Ⅱ} > q_{Ⅲ}$ 的规律；排间平均单位透水率也存在 $q_{下} > q_{上}$ 的规律，符合随着灌浆加密而平均单位透水率递减的灌浆规律，也说明帷幕灌浆效果较为明显。

7.2.5.2 灌浆质量分析

1. 施工过程质量评价

1)灌浆段的质量分析

各"灌浆段"的施工质量是影响整个防渗帷幕质量的关键，因此课题组在现场工作期间，重点抽查了灌浆段的施工质量(现场及资料)，抽查情况见前述。根据检查情况，灌浆施工满足了以下要求(设计与规范要求)，分析认为灌浆是合格的：

(1)灌浆过程中仅个别灌浆段有中段现象且中断时间短，恢复灌浆后，吸浆量不变(未减少)。

(2)灌浆压力达到设计规定值，并根据设计要求标准结束灌浆。

(3)浆液浓度依据设计要求规定的标准变换，灌浆情况正常，基本上无突然增加或减少的现象。

(4)除溶洞段有串浆、大量漏浆和冒浆等异常现象，经过现场研讨提出的

表 7-8　透水率分序统计分析

部位	排序	灌浆次序	平均透水率(Lu)	部位	排序	灌浆次序	平均透水率(Lu)
左岸下层灌浆平洞	下	Ⅰ	3.68	右岸上层灌浆平洞	下	Ⅰ	6.42
		Ⅱ	2.82			Ⅱ	5.63
		Ⅲ	1.35			Ⅲ	1.92
		平均	2.28			平均	3.97
	上	Ⅰ	1.72		上	Ⅰ	2.91
		Ⅱ	0.88			Ⅱ	1.68
		Ⅲ	0.87			Ⅲ	1.33
		平均	1.08			平均	1.86
	合计	Ⅰ	2.68		合计	Ⅰ	4.65
		Ⅱ	1.86			Ⅱ	3.53
		Ⅲ	1.12			Ⅲ	1.65
		平均	1.98			平均	2.96

处理措施后(如压力置换、冲洗、降压、限量等),基本上能符合(2)、(3)条中规定,因此也认为是合格的。

在防渗线各高程上(上、中、下层平洞),灌浆段的透水率与平均单位注入量均随着灌浆次序的增进而有较为明显的降低,说明防渗线的灌浆情况正常,灌浆质量良好。

2)灌浆成果资料分析评价

通过统计分析,帷幕灌浆有以下特点:

(1)透水率 q 和平均单位注入量 C 值随着灌浆次序的增进而减少。

①平均单位注入量:$C_{\mathrm{I}} > C_{\mathrm{II}} > C_{\mathrm{III}}$、$C_{下} > C_{上}$。

②透水率:$q_{\mathrm{I}} > q_{\mathrm{II}} > q_{\mathrm{III}}$、$q_{下} > q_{上}$。

(2)灌浆段总段数中,透水率和单位注入量小的灌浆段的频率值,也随着灌浆次序的增进而增加。

(3)上游排Ⅲ序孔的透水率平均值小于设计防渗标准 5 Lu,说明水库防渗灌浆帷幕设计较为合理,灌浆质量也达到了设计要求。

通过质量抽查、灌浆资料等方面分析认为,帷幕灌浆施工过程质量满足设计要求。

2. 灌浆检查孔成果分析

帷幕灌浆检查孔除进行常规压水检查(合格性检查)外,在强岩溶发育区还进行了大功率声波 CT 检查及部分耐久性压水检查,现根据成果资料分析如下。

1)合格性检查

(1)设计要求。

帷幕灌浆封孔结束后,在分析灌浆施工资料并结合地质资料的基础上,由监理方按以下原则布置质量检查孔进行灌浆质量检查:

①质量检查孔数量:灌浆总孔数的10%(位置同规范要求)。

②检查方法:采用“单点法”或“五点法”压水试验检查,并结合灌后物探检查。压水试验方法见 DL/T 5148—2001 中的附录 A。

③合格标准以压水试验成果为主,给合灌浆施工资料及灌后物探测试资料综合评定,具体质量评定标准见 DL/T 5148—2001 中的6.9.7条。灌后物探测试可结合检查孔进行。

④检查孔应钻取岩芯进行地质素描。

⑤帷幕灌浆透水率 q 值检查标准:按 $q \leqslant 5$ Lu 进行控制。

(2)检查成果。

帷幕灌浆已施工完成73个单元工程,共布置196个检查孔,灌后压水试验透水率为0~4.84 Lu,平均透水率为1.84 Lu,共计压水试验3 107段,合格3 107段,合格率100%,透水率全部满足设计值($q \leqslant 5$ Lu)。

2)耐久性压水检查

(1)设计要求。

对于断层破碎带、岩溶发育段应进行帷幕体耐久性压水试验检查,即在合格性检查完毕后,在1.5~2.0 MPa 压力下全孔压水48 h进行耐久性检查,分析漏水量变化及稳定情况。具体位置及孔数由设计、监理方根据相关资料(灌浆施工资料、物探 CT 资料、地质资料等)现场布置。

(2)检查成果。

在左右下层灌浆平洞及坝基廊道等部位的强岩溶发育区共布置了25个耐久性压水试验孔(包括左下6个、坝基廊道7个、右下12个),采用孔口封闭、全孔压水的方式(压力15~2.0 MPa)进行,时间为48 h,合格标准为透水率 $q \leqslant 5$ Lu,主要为检查防渗帷幕耐久性能。

试验表明,所有耐久性压水试验孔均满足设计要求。

3)大功率声波 CT 检查

为检查强岩溶发育区溶洞充填物及强溶蚀区灌浆后的效果(波速),强岩溶发育区(见图7-25,包括灌浆前孔)进行大功率声波 CT 检查。

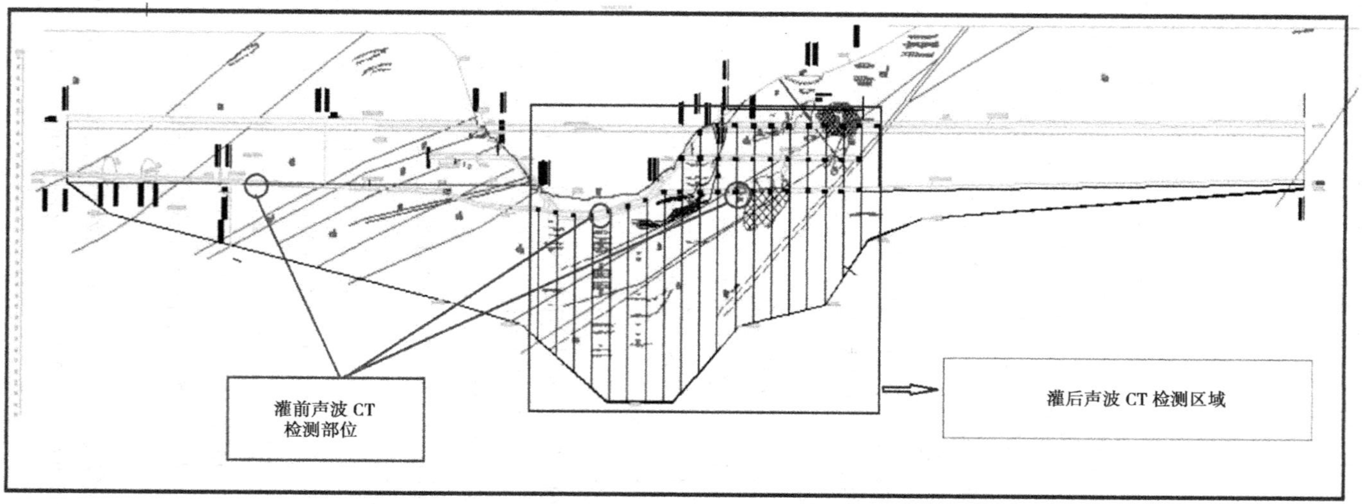

灌前声波 CT
检测部位

灌后声波 CT 检测区域

图 7-25　大功率声波 CT 布置示意图

(1)灌浆前声波 CT 探测情况。

帷幕灌浆前在左岸下层、河床部位和右岸下层廊道各布置 1 对灌浆前声波 CT 探测剖面,利用先导孔进行了探测(成果见图 7-26),现分析说明如下:

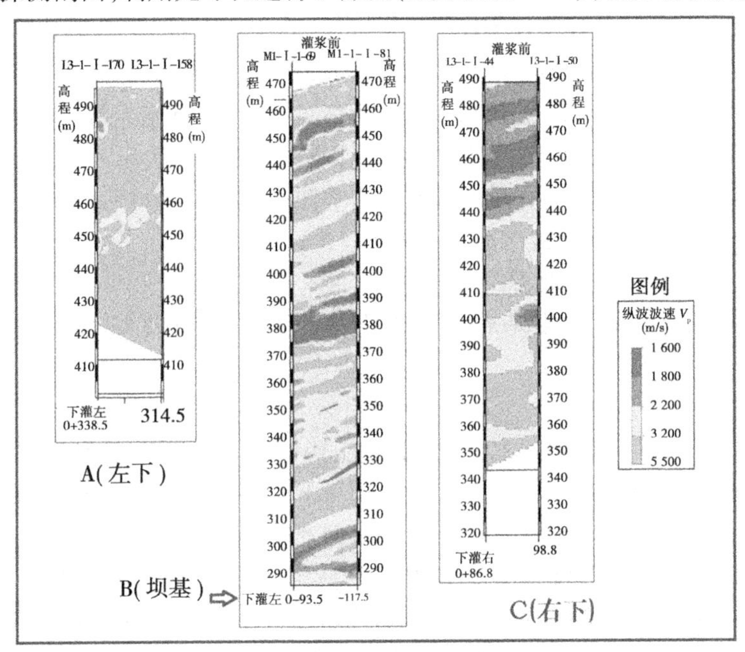

图 7-26 灌前声波 CT 检测成果图

①左岸下层平洞。测区位于桩号下灌左 0 + 338.5 ~ 0 + 314.5 m(孔号 L3 - 1 - Ⅰ - 170 ~ L3 - 1 - Ⅰ - 158),总体来讲,该区域整体波速较高,岩体完整。测区内最高波速 5 500 m/s,最低波速 1 700 m/s,平均波速 4 280 m/s。其中在桩号下灌左 0 + 337 m、高程 484 m 区域波速为 1 800 ~ 2 200 m/s,波速较低,推测岩体局部破碎;剖面上在高程 445 ~ 468 m 波速相对较低,结合相关地质资料分析,推测该区域发育页岩地层(左岸一期防渗依托)。

②坝基廊道。测区位于桩号下灌左 0 - 93.5 ~ 0 - 117.5 m(M1 - 1 - Ⅰ - 69 ~ M1 - 1 - Ⅰ - 81),总体来讲,该区域整体波速较低,岩溶强发育。测区内最高波速 5 500 m/s,最低波速 1 600 m/s,平均波速 3 300 m/s。波速低于 2 200 m/s 的区域主要分布在桩号下灌左 0 - 93.5 ~ 0 - 117.5 m、高程 436.0 ~ 463.0 m,桩号下灌左 0 - 93.5 ~ 0 - 117.5 m、高程 376.0 ~ 415.0 m 和桩号下灌左 0 - 93.5 ~ 0 - 117.5 m、高程 289.0 ~ 312.0 m 等部位,分析为充填型溶洞。

③右岸下层平洞。测区位于桩号下灌右0+86.8~0+98.8 m(R3-1-Ⅰ-44~R3-1-Ⅱ-50),总体来讲,该区域整体波速较低,岩溶强发育。测区内最高波速5 500 m/s,最低波速1 620 m/s,平均波速3 380 m/s。波速低于2 200 m/s的区域主要分布在桩号下灌右0+86.8~0+98.8 m、高程438.0~488.0 m,分析为 K_5 溶洞影响区。

通过同类工程类比(如贵州索风营水电站、四川武都水库等)及防渗线先导孔钻孔情况、电磁波CT探测成果等综合分析,我们认为,上述波速低于1 800 m/s的区域主要为充填型溶洞或强溶蚀区,波速1 800~2 200 m/s的区域则主要为裂隙发育区或溶蚀裂隙中等发育区。

(2)灌浆后帷幕声波CT检查情况。

目前完成了左下、坝基廊道及右下灌后在功率声波CT检测,成果见图7-27。

由图7-27可知:

①左下平洞。检测区域为桩号下灌左0+113.5~6.4 m(利用的检查孔为L3-J1-1、L3-J2-1、L3-J3-1、L3-J4-1、L3-J5-1、L3-J6-1和L3-J6-2),通过声波CT探测该区域最高波速5 500 m/s,最低波速1 720 m/s,平均波速4 200 m/s。如前所述,本段在灌浆前进行了电磁波CT探测,发现溶洞或强溶蚀异常区面积约150 m^2;灌浆后声波CT探测发现波速低于1 800 m/s的区域面积小于12 m^2(主要为充填型溶蚀裂隙),说明该部位灌浆后波速区域面积大幅低于电磁波CT探测揭示的溶洞或强溶蚀区面积,灌浆效果较为明显,而这些低波速区经压水检查,也是满足设计要求的。

②坝基廊道。检测区域覆盖了整体基础廊道帷幕灌浆区域(利用的检查孔为M-J4-2、M-J5-1、M-J7-1、M-J8-1、M-J9-2、M-J11-2和M-J13-1)。灌浆后通过声波CT探测该区域最高波速5 500 m/s,最低波速1 700 m/s,平均波速3 640 m/s。如前所述的灌浆前电磁波CT探测及先导孔、灌浆孔揭示,检测区域内因受 f_4 断层影响密集发育多层溶洞或强溶蚀区,多数溶洞或强溶蚀区为黏土或沙质黏土充填,灌浆过程中也存在多个大注入量孔、段,经与前述的灌浆前电磁波CT、声波CT对比,灌浆后波速低于1 800 m/s的区域较电磁波CT剖面图上溶洞或强溶蚀区明显减少或分散分布,表明主要溶洞或强溶蚀区域被有效地灌浆或处理。

③右下平洞。检查区域基本上覆盖整个下层平洞(除 K_5、K_8 溶洞发育段外,因布置有钢管桩未检测,利用了R3-J1-1、R3-J2-2、R3-J3-2、R3-J4-2、R3-J5-2、R3-J9-1、R3-J10-1、R3-J11-1、R3-J12-1等检查

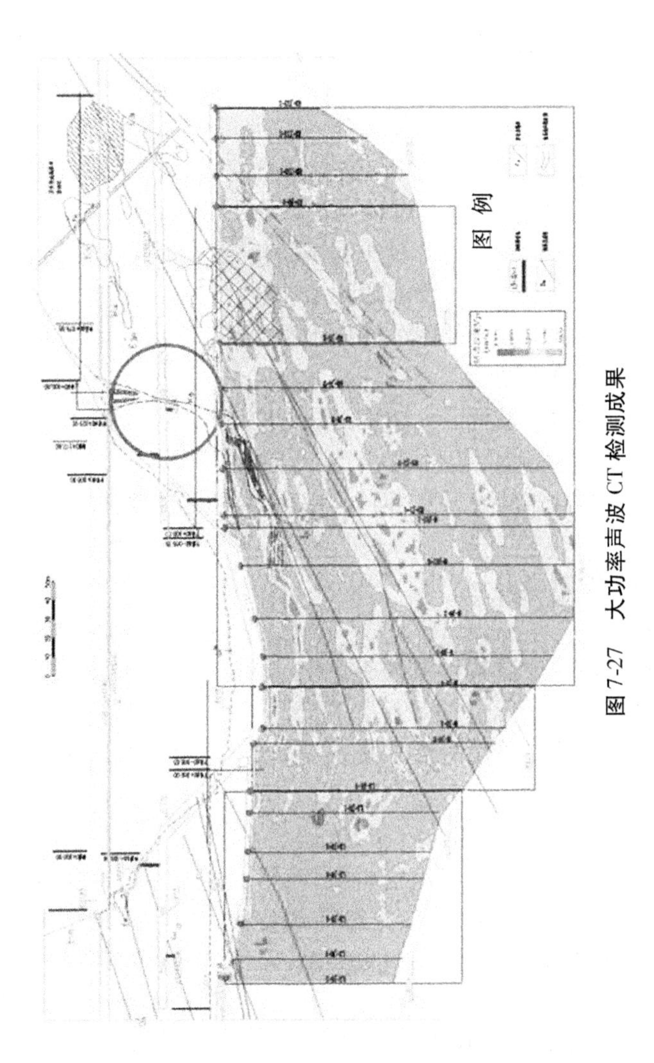

图 7-27　大功率声波 CT 检测成果

孔进行检测)。灌浆后测区内最高波速 5 500 m/s,最低波速 1 700 m/s,平均波速 3 730 m/s。经与前述电磁波 CT、灌前声波 CT 对比,原来的岩溶发育异常区(波速低于 2 200 m/s 的区域)在灌浆后明显缩小或分散分布,说明灌浆效果较为明显。

7.2.5.3 灌浆效果评价

通过以上分析,帷幕灌浆达到设计要求的防渗标准,主要体现在以下几个方面:

(1)通过灌浆过程质量分析,强岩溶发育区每个灌浆段均能满足设计要求的结束标准,说明灌浆施工过程质量满足要求。

(2)通过灌浆检查孔取芯及压水试验检查,岩芯见水泥结石,透水率均小于5 Lu,满足帷幕灌浆设计要求的防渗标准。

(3)通过强岩溶发育的耐久性压水试验,其透水率满足设计要求,说明灌浆帷幕具有较强的耐久性。

(4)通过强岩溶发育区大功率声波 CT 检测,强岩溶发育区灌浆后的声波值有一定程度提高,满足设计要求,说明灌浆效果较好。

(5)通过多次试验性蓄水,强岩溶发育区未见异常,说明灌浆效果较好。

7.3 本章小结

(1)通过对主要灌浆参数抽查证实,帷幕灌浆施工过程质量基本上满足设计及规范要求。

(2)通过对施工单位的灌浆资料分析,平均单位注入量具有排内随序次增加而减少的灌浆规律($C_{\mathrm{I}} > C_{\mathrm{II}} > C_{\mathrm{III}}$),排间单位注入量也随着施工次序的增加而减少的灌浆规律($C_{下} > C_{上} > C_{中}$),说明灌浆效果较为明显。

(3)通过对灌前简易压水资料分析,平均透水率具有排内随序次增加而减少的灌浆规律($q_{\mathrm{I}} > q_{\mathrm{II}} > q_{\mathrm{III}}$),排间单位注入量也随着施工次序的增加而减少的灌浆规律($q_{下} > q_{上} > q_{中}$),也间接反映了灌浆效果是较为明显的。

(4)通过强岩溶发育区检查孔大功率声波 CT 检查证实,灌浆前的岩溶异常区域在灌浆后明显缩小,且声波值提高了 5% ~10%,说明灌浆置换或挤密了原岩溶异常区的充填物,也说明灌浆效果较为明显。

(5)通过检查孔施工现场巡查,检查孔施工过程质量(压水试段等)满足设计及规范要求。

(6)通过检查孔压水资料分析,经帷幕灌浆后每个孔、每个试验段的透水率均满足设计要求的防渗标准。

(7)通过对耐久性压水试验资料分析,在 1.5 ~ 2.0 倍水头(压力 1.5 ~ 2.0 MPa)并经过 48 h 的不间断作用下,各孔透水率均满足设计要求,说明防渗帷幕的耐久性能也是较好的。

第 8 章　技术成果总结

重庆隘口水库工程为沥青混凝土心墙堆石坝，坝高 86.2 m。坝址区属典型的喀斯特地貌，岩溶极其发育，河床及右岸近河岸段平均线岩溶率达 33%，右岸揭示了 K_5、K_6、K_8 等大型溶洞群，最大溶洞体积 11.2 万 m^3，地质条件极为复杂，为了确保大坝的渗漏和沉降满足设计要求，大坝的基础处理施工技术面临严峻的挑战。采用针对性问题研究综合处理技术，成功解决了工程难题，水库已蓄至正常蓄水位，实测坝基廊道渗流量 4.91 L/s，坝体最大沉降量为坝高的 0.4%，取得了良好的工程效果。

主要技术成果与创新点：

(1)首次提出了“利用电磁波 CT 探查成果计算的剖面岩溶率及钻孔揭露线岩溶率、钻孔遇洞率”的岩溶发育定量分区标准，将坝址区划分为强、中等、弱三个岩溶发育区，该分区标准应用于岩溶水库施工图阶段的防渗处理工程，其工程意义是为制订不同岩溶发育区的处理方案提供指导。

(2)针对溶蚀裂隙深层充填型溶洞，最深达 201 m 防渗帷幕，提出的“高压冲洗置换技术”和“水泥浆液充填的返砂技术”有效解决了成孔难题；提出的“差异压力击穿复灌的溶蚀反复充填灌浆技术”和研发的可通冷却水的旋转式孔口封闭器，有效解决了高压灌浆技术难题；研发了新型顶压式阻塞器，成功实施了复杂地层的压水试验。形成了特强岩溶地区超深防渗帷幕灌浆施工成套技术。

(3)针对大型复杂溶洞，创新采用了洞中墙坝结构，底部充填物采用钢管桩和高压旋喷防渗墙，形成了有效的防渗体系，结构合理，节约了工程投资；对狭窄溶洞区采用自密实混凝土充填新工艺，有效实现了防渗堵漏效果。

(4)采用宽体混凝土底板和超深高压固结灌浆，有效控制了沥青混凝土心墙堆石坝的沉降变形和坝基的渗透稳定。

(5)推广了自密实混凝土在溶洞处理施工过程中的应用，针对溶洞的不同发育形式及施工现场的实际条件，分别采取自流式充填、钻孔充填、分层分区域钻孔充填等方法，有效地探索了溶洞处理施工过程中自密实混凝土不同施工方法的适用性。

参 考 文 献

[1] 姚汉源. 中国水利史纲要[M]. 北京:水利电力出版社,1987.
[2] 邹成杰. 水利水电岩溶工程地质[M]. 北京:水利电力出版社,1994.
[3] 重庆市水利水电建筑勘测设计研究院. 重庆秀山县隘口水库初步设计报告(工程地质)[R]. 2003.
[4] 中国水电顾问集团贵阳勘测设计研究院. 重庆秀山县隘口水库防渗处理工程现场技术咨询年度工作总结报告[R]. 2010 ~ 2015.
[5] 中国水电顾问集团贵阳勘测设计研究院. 重庆秀山县隘口水库防渗处理工程右岸溶洞发育边界复核探查报告[R]. 2012.
[6] 中国水电顾问集团贵阳勘测设计研究院. 重庆秀山县隘口水库防渗处理工程电磁波CT 探查报告[R]. 2012.
[7] 中国水电顾问集团贵阳勘测设计研究院. 重庆秀山县隘口水库防渗处理工程强岩溶发育区灌后声波 CT 检测报告[R]. 2015.
[8] 屈昌华,咎廷东,周树灯. 中梁水库喀斯特发育区组合灌浆技术探讨[J]. 探矿工程(岩土钻掘工程),2012,39(4):48-50.